FORSCHUNGSBERICHTE DES LANDES NORDRHEIN-WESTFALEN

Nr. 1367

Herausgegeben
im Auftrage des Ministerpräsidenten Dr. Franz Meyers
von Staatssekretär Professor Dr. h. c. Dr. E. h. Leo Brandt

W0259383

DK 518.61

*Prof. Dr. rer. techn. Fritz Reutter*
*Dr. phil. Johannes Knapp*

*Institut für Geometrie und Praktische Mathematik*
*der Rhein.-Westf. Techn. Hochschule Aachen*

# Untersuchungen über die numerische Behandlung von Anfangswertproblemen gewöhnlicher Differentialgleichungssysteme mit Hilfe von LIE-Reihen und Anwendungen auf die Berechnung von Mehrkörperproblemen

WESTDEUTSCHER VERLAG · KÖLN UND OPLADEN 1964

ISBN 978-3-663-06559-3 ISBN 978-3-663-07472-4 (eBook)
DOI 10.1007/978-3-663-07472-4
Verlags-Nr. 011367

© 1964 by Westdeutscher Verlag, Köln und Opladen

Gesamtherstellung: Westdeutscher Verlag ·

# Inhalt

# Einleitung

Mittels LIE-Reihen, deren Theorie Prof. Dr. W. GRÖBNER (Innsbruck) ausgebaut hat, lassen sich – neben vielen anderen Anwendungsmöglichkeiten – sofort die Lösungen von Anfangswertproblemen gewöhnlicher regulärer Differentialgleichungssysteme anschreiben. Diese Gestalt der Lösungen eignet sich jedoch kaum für die numerische Auswertung, weil die Reihen meist sehr schwach konvergieren. Dagegen lassen sich nach W. GRÖBNER auf Grund von Umordnungen der Lösungsreihen durch Abbrechen der umgeordneten Reihen beliebig gute Näherungen für die Lösung entwickeln. Jede solche Umordnung beruht auf einer Zerlegung des zugeordneten Differentialoperators in eine Summe zweier Bestandteile. Das Auffinden einer für die numerische Auswertung besonders günstigen Zerlegung des Operators erforderte bisher nicht nur eine eingehende Kenntnis der Theorie der Methode der LIE-Reihen, sondern stellte auch hohe Anforderungen an das Geschick des Bearbeiters. Indessen ist es nunmehr auch gelungen, ein Verfahren zur numerischen Auffindung einer günstigen Zerlegung anzugeben.

In dem vorliegenden Bericht wird nun die Methode so dargestellt und ausgebaut, daß sie sofort praktisch einsatzbereit ist. Dabei ist es insbesondere gelungen, ziemlich scharfe und leicht durchführbare Fehlerkontrollen aufzustellen und eine automatische Schrittweitensteuerung anzugeben. Als numerisches Beispiel wird das Dreikörperproblem Sonne–Jupiter–achter Jupitermond auf einer elektronischen Rechenanlage SIEMENS 2002 behandelt. Es wird aber nicht nur gezeigt, daß die Methode als solche zur numerischen Behandlung solcher verwickelten Probleme durchaus gut geeignet ist, sondern es wird auch ein Vergleich mit anderen Methoden zur numerischen Behandlung derartiger Differentialgleichungsprobleme angestellt. Es wurden hierfür zwei erst in den letzten Jahren von E. FEHLBERG angegebene Verfahren verwendet, von denen das eine eine Modifizierung der altbekannten RUNGE–KUTTA-Methode darstellt, mit der man eine wesentliche Verbesserung der Fehlerordnung erreicht, das andere eine ebenfalls von E. FEHLBERG angegebene Verbesserung des Differenzenverfahrens nach ADAMS-STÖRMER.

Die vorstehenden Untersuchungen sollen später noch ergänzt werden durch einen Bericht über weitere Anwendungen und Ausbaumöglichkeiten der GRÖBNER-Methode.

KAPITEL I

# Darlegung der Methode der LIE-Reihen und Ausbau für die numerische Rechnung

Von W. GRÖBNER stammt der Gedanke, die formale Lösung von Anfangswertproblemen gewöhnlicher regulärer Differentialgleichungssysteme mit Hilfe von LIE-Reihen darzustellen. Herr GRÖBNER hat zu diesem Zweck nicht nur die Theorie dieser Reihen wesentlich ausgebaut, sondern durch eine Reihe von Sätzen, insbesondere durch eine geeignete Umordnung der Reihen, das theoretische Rüstzeug geschaffen, um diese Methode auch für die numerische Behandlung solcher Probleme nutzbar zu machen. Aus diesem Grunde soll im vorliegenden Bericht die Behandlung von Anfangswertproblemen gewöhnlicher Differentialgleichungen mittels LIE-Reihen kurz als GRÖBNER-Methode bezeichnet werden.

Im Hinblick auf die Ausführungen in Kapitel II dieser Arbeit verwenden wir, um Buchstabensymbole zu sparen, eine von [7][1] abweichende Bezeichnung, die aber doch so gewählt ist, daß in diesem speziellen Anwendungsgebiet – Lösung von Anfangswertproblemen gewöhnlicher Differentialgleichungssysteme – kein Anlaß zu Mißverständnissen besteht. Korrekterweise müßten nämlich die Variablen der Operatoren von den durch die Reihen dargestellten Funktionen deutlich unterschieden werden.

## 1. Zusammenstellung wichtiger Sätze aus der allgemeinen Theorie

(fehlende Beweise findet man in [7])

### *1.) Lösung von Differentialgleichungssystemen mittels* LIE*-Reihen :*

Sei

$$\frac{dZ_i}{dt} = \vartheta_i(Z_1, \ldots, Z_n) \qquad (i = 1, \ldots, n) \tag{1.1}$$

ein Differentialgleichungssystem, in welchem t die unabhängige Variable und $Z_1, \ldots, Z_n$ die gesuchten Funktionen sind, die den Anfangsbedingungen

$$Z_i(t_0) = Z_i^{(0)} \qquad (i = 1, \ldots, n) \tag{1.2}$$

genügen sollen.

[1] In [ ] gesetzte Ziffern beziehen sich auf das Literaturverzeichnis am Ende der Arbeit.

Sind nun $\vartheta_1(Z_1, \ldots, Z_n), \ldots, \vartheta_n(Z_1, \ldots, Z_n)$ aufgefaßt als Funktionen komplexer Variablen $Z_1, \ldots, Z_n$ im Punkte (1.2) regulär und nicht alle $\vartheta_i = 0$[2], so lassen sich die Lösungen als LIE-Reihen anschreiben:

$$Z_i(t) = \sum_{\nu=0}^{\infty} \frac{(t - t_0)^\nu}{\nu!} [D^\nu Z_i]_{Z^{(0)}} \qquad (i = 1, \ldots, n). \tag{1.3}$$

Sie sind mit dem Differentialoperator

$$D = \sum_{k=1}^{n} \vartheta_k(Z_1, \ldots, Z_n) \frac{\partial}{\partial Z_k} \tag{1.4}$$

gebildet; das der eckigen Klammer angehängte Symbol $Z^{(0)}$ bedeutet, daß nach Ausführung aller durch $D^\nu$ vorgeschriebenen Differentiationen[3] die Variablen $Z_1, \ldots, Z_n$ zu ersetzen sind durch die konstanten Anfangswerte $Z_1^{(0)}, \ldots, Z_n^{(0)}$. Allgemein kann jede in (1.2) reguläre Funktion $f(Z_1, \ldots, Z_n)$ der Lösungen als LIE-Reihe dargestellt werden:

$$f(Z_1(t), \ldots, Z_n(t)) = \sum_{\nu=0}^{\infty} \frac{(t - t_0)^\nu}{\nu!} [D^\nu f(Z_1, \ldots, Z_n)]_{Z^{(0)}}. \tag{1.3'}$$

Die Reihe konvergiert unter den genannten Voraussetzungen für $|t - t_0| < T$, wo $T > 0$ eine von f, den Differentialgleichungen und den Anfangswerten abhängige Schranke ist (vgl. [7], § 1); die Lösungen können längs jeden Weges, der singuläre Stellen von f und D meidet, analytisch fortgesetzt werden, und zwar durch dieselben Reihendarstellungen, in die nur die jeweiligen Anfangswerte einzusetzen sind.

*Anmerkung 1:* Ein nicht autonomes System (d. h. ein System, bei dem die $\vartheta_i$ auch noch explizit von t abhängen)

$$\frac{dZ_i}{dt} = \vartheta_i(Z_1, \ldots, Z_n, t) \qquad (i = 1, \ldots, n)$$

läßt sich auf den obigen Fall zurückführen. Man setzt $t = Z_{n+1}$ und bekommt das autonome System

$$\frac{dZ_i}{dt} = \vartheta_i(Z_1, \ldots, Z_n, Z_{n+1}) \qquad (i = 1, \ldots, n, n + 1) \tag{1.1'}$$

[2] Stellen, an denen alle $\vartheta_i$ gleichzeitig verschwinden, nennen wir kritisch, die Lösungsmethode kann dort versagen. Der Fall, wo alle $\vartheta_i$ identisch verschwinden, ist hingegen trivial. Ist der Anfangspunkt (1.2) nicht kritisch, so kann auch bei der analytischen Fortsetzung der Lösungen kein kritischer Punkt erreicht werden (vgl. [7], p. 36).

[3] $D^\nu f(Z_1, \ldots, Z_n)$ ist erklärt durch

$$D^0 f = f, \quad D^1 f = Df = \sum_{k=1}^{n} \vartheta_k \frac{\partial f}{\partial Z_k}, \quad D^\nu f = D(D^{\nu-1} f).$$

mit $\vartheta_{n+1} \equiv 1$ und $Z^{(0)}_{n+1} = t_0$, hat also von vornherein alle Überlegungen für $n + 1$ statt für n Gleichungen anzustellen, weshalb in den weiteren Ausführungen hierüber nichts mehr erwähnt zu werden braucht.

Entsprechend kann eine in $Z^{(0)}_1, \ldots, Z^{(0)}_n, t_0$ reguläre Funktion $f(Z_1, \ldots, Z_n, t)$ der Lösungen des Systems (1.1), welche auch noch explizit von t abhängt, berechnet werden, indem man den Operator (1.4) mit dem Zusatzglied $+ \dfrac{\partial}{\partial Z_{n+1}}$ versieht. Wenn diese Überlegungen sinngemäß berücksichtigt werden, kann freilich die ursprüngliche Bezeichnung t für $Z_{n+1}$ beibehalten werden.

*Anmerkung 2:* Eine geeignete Substitution

$$\lambda = \int_{t_0}^{t} \frac{d\tau}{\rho(Z_1(\tau), \ldots, Z_n(\tau))} \tag{1.5}$$

($\rho \neq 0$ und regulär im betrachteten Gebiet) führt manchmal zu einer Vereinfachung des Systems (1.1), das dadurch übergeht in

$$\begin{aligned} \frac{dZ_i}{d\lambda} &= \frac{dZ_i}{dt}\frac{dt}{d\lambda} = \rho(Z_1, \ldots, Z_n)\, \vartheta_i(Z_1, \ldots, Z_n) = \vartheta^*_i(Z_1, \ldots, Z_n), \\ \frac{dt}{d\lambda} &= \rho(Z_1, \ldots, Z_n). \end{aligned} \tag{1.6}$$

Damit wird unter Umständen die Integration von (1.1) erleichtert (vgl. hierzu als Beispiel 8d). Der zu (1.5) gehörige Operator ist

$$\begin{aligned} D^* &= \sum_{k=1}^{n} \vartheta^*_k(Z_1, \ldots, Z_n) \frac{\partial}{\partial Z_k} + \rho(Z_1, \ldots, Z_n) \frac{\partial}{\partial t} \\ &= \rho(Z_1, \ldots, Z_n)\, D + \rho(Z_1, \ldots, Z_n) \frac{\partial}{\partial t} \end{aligned} \tag{1.7}$$

$\left(\text{nach Anmerkung 1 kommt eventuell noch das Zusatzglied } \dfrac{\partial}{\partial \lambda} \text{ hinzu}\right)$.

Die Lösungen

$$Z_i(\lambda) = \sum_{\nu=0}^{\infty} \frac{\lambda^\nu}{\nu!} [D^{*\nu} Z_i]_{Z^{(0)}, t_0} \tag{1.8}$$

beziehungsweise

$$f(Z_1(\lambda), \ldots, Z_n(\lambda)) = \sum_{\nu=0}^{\infty} \frac{\lambda^\nu}{\nu!} [D^{*\nu} f(Z_1, \ldots, Z_n)]_{Z^{(0)}, t_0} \tag{1.8'}$$

können dann unter Umständen als Funktionen des neuen Parameters $\lambda$[4] in geschlossener Form angegeben werden, und es können dabei Aussagen über ihre

[4] Wir wollen keine neuen Funktionssymbole einführen und schreiben daher, um Zeichen zu sparen, einfach $Z_i(\lambda)$ statt etwa $\overline{Z}_i(\lambda) = \overline{Z}_i(\lambda(t)) = Z_i(t)$. Man nennt $\lambda$ eine regularisierende Variable, wenn die Lösungen als Funktionen von $\lambda$ ganz sind.

Gestalt, über Periodizitätseigenschaften und dgl. gemacht werden, bevor man das Integral

$$\int_0^{\lambda} \rho(Z_1(\lambda_1), \ldots, Z_n(\lambda_1))\, d\lambda_1 = t - t_0 \tag{1.9}$$

kennt, welches den Zusammenhang zwischen $\lambda$ und t herstellt (vgl. wiederum Beispiel 8d).

## *2.) Umordnung der Reihen:*

Für numerische Auswertungen konvergieren die Lösungen in der Form (1.3) jedoch meist zu schwach (wenn sie nicht zufällig, vielleicht nach Einführung eines neuen Parameters, durch bekannte Funktionen in geschlossener Form ausgedrückt werden können). Eine Umordnung behebt diesen Übelstand.

Wir zerlegen den Operator D in zwei Bestandteile

$$D = D_1 + D_2 \tag{1.10}$$

etwa

$$\begin{aligned} D_1 &= \sum_{k=1}^{n} \varphi_k(Z_1, \ldots, Z_n) \frac{\partial}{\partial Z_k}, \\ D_2 &= \sum_{k=1}^{n} [\vartheta_k(Z_1, \ldots, Z_n) - \varphi_k(Z_1, \ldots, Z_n)] \frac{\partial}{\partial Z_k}, \end{aligned} \tag{1.11}$$

und zwar zweckmäßig so, daß in der Nähe des Anfangspunktes $|\vartheta_i - \varphi_i| < |\varphi_i|$ ist und die zu $D_1$ gehörigen Funktionen

$$Z_{ia}(t) = \sum_{\nu=0}^{\infty} \frac{(t-t_0)^{\nu}}{\nu!} [D_1^{\nu} Z_i]_{Z^{(0)}} \qquad (i = 1, \ldots, n) \tag{1.12}$$

für jeden endlichen Wert von t regulär sind und durch bekannte Funktionen in geschlossener Form ausgedrückt werden können [dies ist zwar nicht notwendig, aber günstig, damit durch die Zerlegung (1.10) keine weiteren Singularitäten eingeschleppt werden, Beispiele vgl. 8.].

Setzt man nun die Zerlegung (1.10) in (1.3) ein, entwickelt $(D_1 + D_2)^{\nu}$ unter Beachtung der Reihenfolge der Faktoren (denn $D_1$ und $D_2$ sind im allgemeinen nicht miteinander vertauschbar), ordnet dann nach der Stellung des [auf der rechten Seite von (1.15)] hervorgehobenen Operators $D_2$ und wendet den Vertauschungssatz für Lie-Reihen (vgl. [7]) an, so entstehen (vgl. Anmerkung 3) die Formeln

$$Z_i(t) = Z_{ia}(t) + \sum_{\alpha=0}^{\infty} \int_{t_0}^{t} \frac{(t-\tau)^{\alpha}}{\alpha!} [D_2 D^{\alpha} Z_i]_{Z_a(\tau)}\, d\tau \qquad (i = 1, \ldots, n) \tag{1.13}$$

(vgl. [7] § 12) oder allgemeiner

$$f(Z_1(t), \ldots, Z_n(t)) =$$

$$= f(Z_{1a}(t), \ldots, Z_{na}(t)) + \sum_{\alpha=0}^{\infty} \int_{t_0}^{t} \frac{(t-\tau)^\alpha}{\alpha!} [D_2 D^\alpha f(Z_1, \ldots, Z_n)]_{Z_a(\tau)} d\tau, \qquad (1.13')$$

welche angeben, wie die zu $D_1$ gehörigen Funktionen $Z_{ia}(t)$ bzw.

$$f(Z_{1a}(t), \ldots, Z_{na}(t))$$

abzuändern sind, damit die gesuchten Lösungsfunktionen entstehen. Das der eckigen Klammer angehängte Symbol $Z_a(\tau)$ soll andeuten, daß nach Anwendung von $D_2 D^\alpha$ auf $f(Z_1, \ldots, Z_n)$ jede Variable $Z_k$ durch die entsprechende Funktion $Z_{ka}(\tau)$ zu ersetzen ist, so daß also der Klammerinhalt eine *wohlbekannte Funktion* von $\tau$ ist. Es ist besonders zu beachten, daß die Operatoren $D^\alpha$ und $D_2$ nicht miteinander vertauschbar sind und daß die Spezialisierung auf Anfangswerte oder Näherungslösungen erst nach Ausführung aller vorgeschriebenen Differentiationen vorgenommen werden darf.
Bei der numerischen Auswertung dieser Formeln muß man sich dann allerdings auf die wesentlichen Glieder der Reihen beschränken

$$\overline{Z}_i(t) = Z_{ia}(t) + \sum_{\alpha=0}^{m} \int_{t_0}^{t} \frac{(t-\tau)^\alpha}{\alpha!} [D_2 D^\alpha Z_i]_{Z_a(\tau)} d\tau \qquad (i = 1, \ldots, n) \qquad (1.14)$$

[und eine analoge Formel für $f(\overline{Z}_1, \ldots, \overline{Z}_n)$] und hat m [5] bzw. die Schrittweite $\Delta t = t - t_0$ so zu wählen, daß sich $\overline{Z}_i(t)$ von der wirklichen Lösung $Z_i(t)$ im Rahmen der vorgesehenen Genauigkeit nicht unterscheidet. Dazu ist aber notwendig, daß man über die Abbruchfehler etwas weiß.

*Anmerkung 3:* Man bestätigt durch vollständige Induktion

$$(D_1 + D_2)^\nu = D_1^\nu + \sum_{\beta=1}^{\nu} D_1^{\nu-\beta} D_2 D^{\beta-1} \qquad (\nu = 1, 2, \ldots) \qquad (1.15)$$

und führt unter Verwendung der Formel (vgl. [7], S. 92)

$$\frac{(t-t_0)^\nu}{\nu!} = \int_{t_0}^{t} \frac{(t-\tau)^{\beta-1}}{(\beta-1)!} \frac{(\tau-t_0)^{\nu-\beta}}{(\nu-\beta)!} d\tau \qquad (1 \leqq \beta \leqq \nu) \qquad (1.16)$$

(1.8') über in

$$f(Z_1(t), \ldots, Z_n(t)) = \sum_{\nu=0}^{\infty} \frac{(t-t_0)^\nu}{\nu!} [D_1^\nu f(Z_1, \ldots, Z_n)]_{Z^{(0)}} +$$

$$+ \sum_{\beta=1}^{\infty} \sum_{\nu=\beta}^{\infty} \int_{t_0}^{t} \frac{(t-\tau)^{\beta-1}}{(\beta-1)!} \frac{(\tau-t_0)^{\nu-\beta}}{(\nu-\beta)!} [D_1^{\nu-\beta} D_2 D^{\beta-1} f(Z_1, \ldots, Z_n)]_{Z^{(0)}} d\tau, \qquad (1.17)$$

[5] Man kann ohne weiteres überall $m_i$ statt m setzen, wobei die $m_i$ nicht einander gleich zu sein brauchen; wir unterdrücken den Index i, weil es nicht notwendig ist, ihn evident zu halten.

woraus unter denselben Voraussetzungen [gleichmäßige Konvergenz von (1.8') in $|t - t_0| < T$], die die Umordnung gestattet haben, bei gleichzeitiger Änderung der Summationsindizes

$$f(Z_1(t), \ldots, Z_n(t)) = f(Z_{1a}(t), \ldots, Z_{na}(t)) +$$
$$+ \sum_{\alpha=0}^{\infty} \int_{t_0}^{t} \frac{(t-\tau)^\alpha}{\alpha!} \sum_{\mu=0}^{\infty} \frac{(\tau - t_0)^\mu}{\mu!} [D_1^\mu g_\alpha(Z_1, \ldots, Z_n)]_{Z^{(0)}} d\tau \tag{1.18}$$

entsteht, mit den Funktionen

$$g_\alpha(Z_1, \ldots, Z_n) = D_2 D^\alpha f(Z_1, \ldots, Z_n). \tag{1.19}$$

Auf die nach dem Integralzeichen stehende LIE-Reihe mit dem Operator $D_1$ wendet man jetzt den Vertauschungssatz (vgl. [1], § 2) an und bekommt (1.13') und natürlich auch (1.13).

*Anmerkung 4:* Man kann den Operator D eines autonomen Differentialgleichungssystems noch mit dem Zusatzglied $\frac{\partial}{\partial t}$ versehen; denn dies ist nur der Ausdruck der selbstverständlichen Tatsache, daß $\frac{dt}{dt} = 1$ immer zu (1.1) hinzugenommen werden kann. Unter sinngemäßer Berücksichtigung von Anmerkung 1 – statt $[D^\nu Z_i]_{Z^{(0)}}$ bzw. $[D_2 D^\alpha Z_i]_{Z_a(\tau)}$ ist dann in (1.3) bzw. (1.13) immer $[D^\nu Z_i]_{Z^{(0)}, t_0}$ bzw. $[D_2 D^\alpha Z_i]_{Z_a(\tau), \tau}$ zu setzen – ergibt sich aber nun die sehr vorteilhafte Möglichkeit, eine Aufspaltung

$$D_1 = \sum_{k=1}^{n} \varphi_k(Z_1, \ldots, Z_n, t) \frac{\partial}{\partial Z_k} + \frac{\partial}{\partial t}$$

$$D_2 = \sum_{k=1}^{n} [\vartheta_k(Z_1, \ldots, Z_n) - \varphi_k(Z_1, \ldots, Z_n, t)] \frac{\partial}{\partial Z_k}$$

vorzunehmen. Dabei hängt $\varphi_k$ auch noch explizit von t ab. Diese Aufspaltung könnte man als nicht autonome Zerlegung des Operators $D + \frac{\partial}{\partial t}$ bezeichnen.

Während bei (1.11) die Möglichkeiten einer praktisch verwendbaren Zerlegung bald erschöpft sind, können jetzt beliebige Funktionen von t (die meist viel leichter zu handhaben sind als irgendwelche allgemeine Funktionen $\varphi_k$ aller Variablen) zur Gewinnung der $Z_{ia}(t)$ herangezogen werden, so daß es gelingt, $Z_{ia}(t)$ längs jeden durch $t_0$ gehenden Wegstückes $\mathfrak{T}$ (etwa eines Intervalls der reellen Achse) beliebig genau (durch Polynome, trigonometrische Summen oder dgl.) an die gesuchten Lösungen $Z_i(t)$ anzunähern und die rasche Konvergenz der Reihen (1.13) zu erzwingen.

Es ist leicht, ausgehend von irgendeiner naheliegenden, nicht gerade günstigen Zerlegung des Operators, eine dem Problem angepaßte zweckmäßige Zerlegung zu konstruieren.

Mit Hilfe der willkürlich gewählten Zerlegung lassen sich nämlich die Werte der Funktionen $\vartheta_k(Z_1, \ldots, Z_n)$ an beliebig vielen Stellen des Wegstückes $\mathfrak{T}$ genügend genau ermitteln: Legt man nun durch diese Stützstellen reguläre Funktionen $\psi_k(t)$ [6] [etwa Polynome in $(t - t_0)$] und verwendet diese zur Definition einer neuen Zerlegung

$$D_1 = \sum_{k=1}^{n} \psi_k(t) \frac{\partial}{\partial Z_k} + \frac{\partial}{\partial t},$$

so nähern die zugehörigen Funktionen

$$Z_{ia}(t) = Z_i^{(0)} + \int_{t_0}^{t} \psi_i(\tau)\, d\tau$$

die gesuchten Lösungen $Z_i(t)$ besser an. Die nun gültigen Reihen (1.13) konvergieren rascher, die Abbruchfehler sind kleiner, so daß man die Schrittweite je nach der Güte der erreichten Annäherung beträchtlich vergrößern, die Zahl der durchzuführenden Rechenschritte also und auch die Fortpflanzung der Fehler der Einzelschritte stark herabsetzen und damit die Zuverlässigkeit der Resultate bedeutend steigern kann. – Alles dies läßt sich leicht programmieren, so daß sich der Bearbeiter eines solchen Problems nicht mehr durch zusätzliche Überlegungen um eine günstige Aufspaltung des Operators D bemühen muß.
Diese vorteilhafte Anpassungsfähigkeit ist ein auffallendes – wenn es auf hohe Genauigkeit ankommt, besonders bedeutendes – Merkmal der GRÖBNER-Methode.

## 2. Abbruchfehler

Die Reihen (1.13) konvergieren zumindest wie die LIE-Reihen (1.3) im Kreis $|t - t_0| < T$ (in [7] findet man Angaben über ein zulässiges $|t - t_0|$ und Restabschätzungen hierfür). Im allgemeinen wird aber das Konvergenzgebiet der Reihen (1.13) (das außer in speziellen Fällen kaum angegeben werden kann) über diesen Kreis hinausragen, und es wird in der t-Ebene Wege $\mathfrak{T}$ geben, so daß $|t - t_0| > T$ ist und die Reihen dennoch konvergieren für $t \in \mathfrak{T}$ (vgl. Anmerkung 5). Da bei der Durchführung numerischer Rechnungen rasche Konvergenz der Reihen unbedingt erforderlich ist, wird aber von dem gesamten Konvergenzgebiet in der Praxis nur ein sehr kleines Teilgebiet verwendbar sein.
Im folgenden sei $t_0$ reell, wir gehen in Richtung wachsender t-Werte entlang der reellen Achse der t-Ebene weiter, wie dies in den Anwendungen meist geschieht (bei anderen Wegen $\mathfrak{T}$ würde sich natürlich einiges im Wortlaut der Ausführungen ändern).

[6] Es liegt aber bereits von vornherein eine ganze Fülle zweckmäßiger Zerlegungsmöglichkeiten auf der Hand, denn endliche Abschnitte der entsprechenden LIE-Reihen, die man ja unmittelbar angeben kann, können auch als solche Funktionen $\psi_k(t)$ verwendet werden.

*1.) Grobe Abschätzung der Reihenreste und Bestimmung einer für die Rechnung geeigneten Schrittweite* $\Delta t$:

Es soll zuerst gezeigt werden, wie man zu einer groben Abschätzung der Reihenreste

$$\overline{p}_i = Z_i(t) - \overline{Z}_i(t) = \sum_{\alpha=m+1}^{\infty} \int_{t_0}^{t} \frac{(t-\tau)^\alpha}{\alpha!} [D_2 D^\alpha Z_i]_{Z_a(\tau)} d\tau =$$

$$= \sum_{\alpha=m+1}^{\infty} \int_{t_0}^{t} \frac{(t-\tau)^\alpha}{\alpha!} Y_{i\alpha}[Z_a(\tau)]\, d\tau \tag{2.1}$$

kommt. Zunächst ist sicher

$$|\overline{p}_i| \leqq (t - t_0) \left| \frac{d}{dt} \overline{p}_i \right|_{max}, \tag{2.2}$$

wobei das Maximum von $\left| \frac{d}{dt} \overline{p}_i \right|$ im Intervall $[t_0, t]$ gemeint ist.

Andererseits gilt

$$\frac{d}{dt} \overline{p}_i = \frac{d}{dt} [Z_i(t) - \overline{Z}_i(t)] =$$

$$= \vartheta_i(Z_1(t), \ldots, Z_n(t)) - \vartheta_i(Z_{1a}(t), \ldots, Z_{na}(t)) + \tag{2.3}$$

$$- \sum_{\alpha=1}^{m} \int_{t_0}^{t} \frac{(t-\tau)^{\alpha-1}}{(\alpha-1)!} Y_{i\alpha}[Z_a(\tau)]\, d\tau\,.$$

Wir setzen die TAYLOR-Entwicklung

$$\vartheta_i(Z_1, \ldots, Z_n) = \vartheta_i(\overline{Z}_1 + \overline{p}_1, \ldots, \overline{Z}_n + \overline{p}_n) = \vartheta_i(\overline{Z}_1, \ldots, \overline{Z}_n) +$$

$$+ \sum_{\nu_1 + \ldots + \nu_n = 1}^{\infty} \frac{\overline{p}_1^{\nu_1} \ldots \overline{p}_n^{\nu_n}}{\nu_1! \ldots \nu_n!} \frac{\partial^{\nu_1 + \ldots + \nu_n} \vartheta_i(\overline{Z}_1, \ldots, \overline{Z}_n)}{(\partial \overline{Z}_1)^{\nu_1} \ldots (\partial \overline{Z}_n)^{\nu_n}}$$

$$= \vartheta_i(\overline{Z}_1, \ldots, \overline{Z}_n) + Q_i \tag{2.4}$$

ein und bekommen

$$\frac{d}{dt} \overline{p}_i = \vartheta_i(\overline{Z}_1(t), \ldots, \overline{Z}_n(t)) - \vartheta_i(Z_{1a}(t), \ldots, Z_{na}(t)) +$$

$$- \sum_{\alpha=1}^{m} \int_{t_0}^{t} \frac{(t-\tau)^{\alpha-1}}{(\alpha-1)!} Y_{i\alpha}[Z_a(\tau)]\, d\tau + Q_i \tag{2.5}$$

$$= P_i + Q_i$$

oder

$$\left| \frac{d}{dt} \overline{p}_i \right| \leqq |P_i| + |Q_i|\,. \tag{2.6}$$

Dann denken wir uns $\overline{Z}_1(t), \ldots, \overline{Z}_n(t)$ für $t \varepsilon [t_0, t_0 + T_0]$ ausgerechnet. $T_0$ ist so klein zu wählen, daß auf dem hierbei im n-dimensionalen komplexen Z-Raum entstandenen Kurvenstück $\mathfrak{x}$ kein singulärer Punkt der Funktionen $\vartheta_1, \ldots, \vartheta_n$ und auch kein kritischer Punkt liegt (inwiefern kritische Punkte ausgeschlossen werden müssen oder nicht, soll hier nicht erörtert werden). Zeichnet man dann (für $i = 1, \ldots, n$) um die Punkte der Projektionen $\mathfrak{x}_i$ dieses Kurvenstückes $\mathfrak{x}$ in die $Z_i$-Ebene Kreise mit dem Radius $r_i$, so umschließt deren Einhüllende einen Bereich $\mathfrak{G}_i$. Wegen der Voraussetzung über $T_0$ gibt es dann sicher positive Konstanten

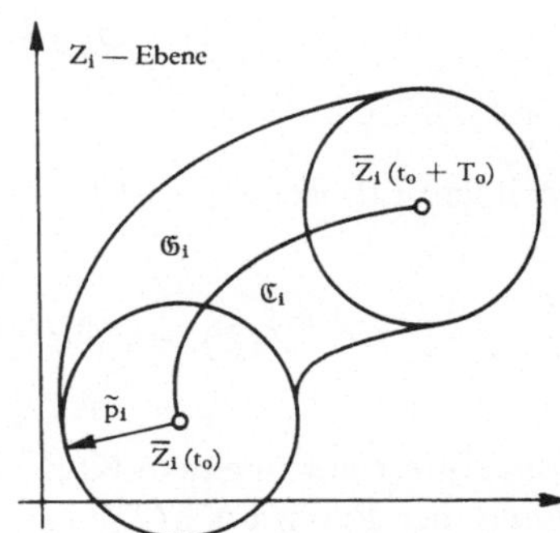


$$\tilde{p}_1, \ldots, \tilde{p}_n$$

von der Beschaffenheit, daß für

$$r_i = \tilde{p}_i \quad (i = 1, \ldots, n)$$

im gesamten Bereich $\mathfrak{G}$ [ein Punkt $(\tilde{Z}_1, \ldots, \tilde{Z}_n)$ gehört zu $\mathfrak{G}$, wenn jedes $Z_i \varepsilon \mathfrak{G}_i$ ist] weder kritische noch singuläre Punkte liegen (Abb.).

Mit

$$Q_{ik} = \max \left\{ \left| \frac{\partial \vartheta_i(\tilde{Z}_1, \ldots, \tilde{Z}_n)}{\partial \tilde{Z}_k} \right| \quad \text{für alle} \quad (\tilde{Z}_1, \ldots, \tilde{Z}_n) \varepsilon \mathfrak{G} \right\} \tag{2.7}$$

gilt dann, solange $t \varepsilon [t_0, t_0 + T_0]$ ist,

$$|Q_i|_{max} \leqq \tilde{p}_1 Q_{i1} + \ldots + \tilde{p}_n Q_{in} \tag{2.8}$$

und auch

$$\left| \frac{d}{dt} \tilde{p}_i \right|_{max} \leqq |P_i|_{max} + \tilde{p}_1 Q_{i1} + \ldots + \tilde{p}_n Q_{in}. \tag{2.9}$$

Indem wir nun verlangen, daß

$$(t - t_0) \left[ |P_i|_{max} + \tilde{p}_1 Q_{i1} + \ldots + \tilde{p}_n Q_{in} \right] \leqq \tilde{p}_i \tag{2.10}$$

sein soll, bekommen wir eine Bedingung für $(t - t_0)$:

$$\Delta t = (t - t_0) \leqq \tilde{T}_0 < T_0. \tag{2.11}$$

[Man bekommt selbstverständlich keineswegs das größte noch zulässige $\tilde{T}_0$, was man von der groben Abschätzung (2.2) auch gar nicht erwarten darf.] Mit der so eingeschränkten Schrittweite gilt aber auch

$$|\overline{p}_i| \leqq (t - t_0) \left[ |P_i|_{max} + |Q_i|_{max} \right] \leqq \tilde{p}_i, \tag{2.12}$$

womit der Abbruchfehler zur Schrittweite (2.11) abgeschätzt ist.

*Anmerkung 5:* Ein besonders einfaches Beispiel dafür, daß durch dieses Umordnen eine Reihe entstehen kann, die ein größeres Konvergenzgebiet als die ursprüngliche LIE-Reihe besitzt, wäre etwa

$$\begin{aligned} \vartheta_1 &= Z_1 + h(Z_2) \\ \vartheta_2 &= 1 \end{aligned} \qquad Z_i(t_0) = Z_i^{(0)} \qquad (i = 1,2). \tag{a}$$

Die mit dem Operator

$$D = [Z_1 + h(Z_2)] \frac{\partial}{\partial Z_1} + \frac{\partial}{\partial Z_2}$$

gebildete LIE-Reihe [es ist $D^\nu Z_1 = Z_1 + \sum_{i=0}^{\nu-1} h^{(i)}(Z_2)$]

$$Z_1(t) = Z_1^{(0)} e^{(t-t_0)} + \sum_{\nu=1}^{\infty} \frac{(t-t_0)^\nu}{\nu!} \sum_{i=0}^{\nu-1} h^{(i)}(Z_2^{(0)})$$

konvergiert nur in einem Kreis um $t_0$, der durch den nächstgelegenen singulären Punkt der Funktion $h(Z_2^{(0)} + t - t_0)$ in der komplexen t-Ebene geht. Dagegen liefert z. B. die Zerlegung

$$D_1 = \frac{\partial}{\partial Z_1} + \frac{\partial}{\partial Z_2} \qquad D_2 = [Z_1 + h(Z_2) - 1] \frac{\partial}{\partial Z_1}$$

[zu $D_1$ gehören die Funktionen $Z_{ia}(t) = Z_i^{(0)} + t - t_0$ $(i = 1,2)$] die Reihe

$$Z_1(t) = Z_{1a}(t) + \sum_{\alpha=0}^{\infty} \int_{t_0}^{t} \frac{(t-\tau)^\alpha}{\alpha!} [Z_{1a}(\tau) + h(Z_{2a}(\tau)) - 1]\, d\tau, \tag{b}$$

welche längs jeden Weges $\mathfrak{T}$, der singuläre Stellen von $h(Z_2^{(0)} + t - t_0)$ meidet, konvergiert. Längs eines solchen Weges läßt sich nämlich eine Beschränkung

$$|Z_{1a}(\tau) + h(Z_{2a}(\tau)) - 1| < M$$

angeben, die Reihe für $M(e^{t-t_0} - 1)$ ist dann eine Majorante der Reihe

$$\sum_{\alpha=0}^{\infty} \int_{t_0}^{t} \frac{(t-\tau)^\alpha}{\alpha!} [Z_{1a}(\tau) + h(Z_{2a}(\tau)) - 1]\, d\tau,$$

weshalb Summe und Integralzeichen miteinander vertauscht werden dürfen und

$$Z_1(t) = Z_{1a}(t) + \int_{t_0}^{t} e^{t-\tau} [Z_{1a}(\tau) + h(Z_{2a}(\tau)) - 1]\, d\tau \tag{c}$$

gilt. Die Reihe (b) stellt wirklich die Lösung des Systems (a) dar, was durch Differenzieren von (c) sofort nachgewiesen werden kann.

*Anmerkung 6:* Da ein n-Tupel von Größen $\tilde{p}_1, \ldots, \tilde{p}_n$ und die zugehörigen Werte $Q_{ik}$ nicht so ohne weiteres angegeben werden können, begnügt man sich in der Praxis mit

$$Q_{ik} \approx \overline{Q}_{ik} = \left| \frac{\partial \vartheta_i(\overline{Z}_1, \ldots, \overline{Z}_n)}{\partial \overline{Z}_k} \right|, \tag{2.7'}$$

aus einem bald ersichtlichen Grunde wählt man dann die Schrittweite so klein, daß $(t - t_0)\,\overline{Q}_{ik} \ll 1$ ist (für $i, k = 1, \ldots, n$).

## 2.) *Bestimmung der Größenordnung der Abbruchfehler:*

Nachdem nun für die Schrittweite (2.11) die Konvergenz der Reihen sichersteht und die Reihenreste nach (2.12) abgeschätzt sind, erhebt sich die Frage nach der ungefähren Größenordnung der Abbruchfehler. Dazu wird $\bar{p}_i$ wie folgt zerlegt:

$$\bar{p}_i = \frac{(t - t_0)}{m + 2} \frac{d}{dt} \bar{p}_i + \varepsilon_i\,. \tag{2.13}$$

Dann sind die Ausdrücke

$$\varepsilon_i = \sum_{\alpha = m+1}^{\infty} \int_{t_0}^{t} \frac{(t - \tau)^{\alpha - 1}}{(\alpha - 1)!} \left[ \frac{t - \tau}{\alpha} - \frac{t - t_0}{m + 2} \right] Y_{i\alpha}[Z_a(\tau)]\, d\tau \tag{2.14}$$

für kleines $(t - t_0)$, also dort, wo die Reihen rasch konvergieren, wesentlich kleiner als

$$\frac{(t - t_0)}{m + 2} \frac{d}{dt} \bar{p}_i\,; \tag{2.13'}$$

denn in $\varepsilon_i$ treten erst Glieder von der Ordnung $(t - t_0)^{m+2}$ an auf, während (2.13') bereits mit Gliedern der Ordnung $(t - t_0)^{m+1}$ beginnt. Wegen (2.5) ist

$$\bar{p}_i = \frac{(t - t_0)}{m + 2} [P_i + Q_i] + \varepsilon_i \tag{2.15}$$

oder

$$|\bar{p}_i| \leqq \frac{(t - t_0)}{m + 2} [|P_i| + |\bar{p}_1|\, Q_{i1} + \ldots |\bar{p}_n|\, Q_{in}] + |\varepsilon_i|\,. \tag{2.16}$$

Wählt man jetzt die Schrittweite so klein, daß (vgl. Anmerkung 6)

$$(t - t_0)\, Q_{ik} \ll 1 \tag{2.17}$$

ist, dann kann das System

$$\sum_{k=1}^{n} \left[ \delta_{ik} - \frac{(t - t_0)}{m + 2} Q_{ik} \right] |\bar{p}_k| \leqq \frac{(t - t_0)}{m + 2} |P_i| + |\varepsilon_i| \qquad (i = 1, \ldots, n) \tag{2.18}$$

($\delta_{ik}$ KRONECKER-Symbol) zur Bestimmung von $|\bar{p}_1|, \ldots, |\bar{p}_n|$ durch

$$|\bar{p}_i| \approx \frac{(t - t_0)}{m + 2} |P_i| + |\varepsilon_i| \qquad (i = 1, \ldots, n) \tag{2.18'}$$

ersetzt werden. – Bei so kleinen Schrittweiten kann man dann aber mit guter Annäherung statt (2.15)

$$\bar{p}_i \approx \frac{(t - t_0)}{m + 2} P_i = \frac{(t - t_0)}{m + 2} \Big\{ \vartheta_i(\bar{Z}_1(t), \ldots, \bar{Z}_n(t)) - \vartheta_i(Z_{1a}(t), \ldots, Z_{na}(t)) + \\ - \sum_{\alpha=1}^{m} \int_{t_0}^{t} \frac{(t - \tau)^{\alpha-1}}{(\alpha - 1)!} [D_2 D^\alpha Z_i]_{Z_a(\tau)} d\tau \Big\} \tag{2.19}$$

setzen.

*Anmerkung 7:* Im Fall des besonders einfachen Systems

$$\begin{aligned} \frac{d}{dt} Z_1 &= Z_2, \\ \frac{d}{dt} Z_2 &= Z_3, \\ &\ldots\ldots\ldots \\ \frac{d}{dt} Z_{n-1} &= Z_n, \\ \frac{d}{dt} Z_n &= f(Z_1, \ldots, Z_n) \end{aligned} \tag{2.20}$$

[das man sich durch die Transformation $Z_i = \frac{d^{i-1}}{dt^{i-1}} y$ aus der Differentialgleichung n-ter Ordnung

$$\frac{d^n}{dt^n} y = f\left(y, \frac{d}{dt} y, \ldots, \frac{d^{n-1}}{dt^{n-1}} y\right) \tag{2.20'}$$

entstanden denken kann], dessen Lösungen zu den Anfangsbedingungen

$$Z_i(t_0) = Z_i^{(0)} \qquad (i = 1, \ldots, n) \tag{2.21}$$

gesucht sind, wird man, falls es nicht ohnehin gelingt (eventuell nach Einführung eines neuen Parameters $\lambda$), die LIE-Reihen

$$Z_i(t) = \sum_{\nu=0}^{\infty} \frac{(t - t_0)^\nu}{\nu!} [D^\nu Z_i]_{Z^{(0)}} \tag{2.22}$$

durch bekannte Funktionen in geschlossener Form auszudrücken, etwa die Zerlegung

$$D_1 = Z_2 \frac{\partial}{\partial Z_1} + \ldots + Z_n \frac{\partial}{\partial Z_{n-1}} + c \frac{\partial}{\partial Z_n}$$
$$D_2 = [f(Z_1, \ldots, Z_n) - c] \frac{\partial}{\partial Z_n} \qquad (2.23)$$

mit

$$c = f(Z_1^{(0)}, \ldots, Z_n^{(0)}) \qquad (2.24)$$

vornehmen. Man bekommt die zu $D_1$ gehörigen Funktionen (Polynome)

$$Z_{ia}(t) = \sum_{\nu=0}^{\infty} \frac{(t-t_0)^\nu}{\nu!} [D_1^\nu Z_i]_{Z^{(0)}} =$$
$$= \sum_{\nu=0}^{n-i} Z_{i+\nu}^{(0)} \frac{(t-t_0)^\nu}{\nu!} + c \frac{(t-t_0)^{n+1-i}}{(n+1-i)!} \qquad (i = 1, \ldots, n). \qquad (2.25)$$

Bricht man dann jede Lösungsreihe (1.13) nach dem $(m + n - i)$-ten Gliede ab, d. h. benutzt man

$$\overline{Z}_i(t) = Z_{ia}(t) + \sum_{\alpha=0}^{m+n-i} \int_{t_0}^{t} \frac{(t-\tau)^\alpha}{\alpha!} [D_2 D^\alpha Z_i]_{Z_a(\tau)}\, d\tau =$$
$$= Z_{ia}(t) + \sum_{\alpha=n-i}^{m+n-i} \int_{t_0}^{t} \frac{(t-\tau)^\alpha}{\alpha!} [D_2 D^\alpha Z_i]_{Z_a(\tau)}\, d\tau\,[7], \qquad (2.26)$$

so bekommt man für die Größenordnung der Abbruchfehler

$$\bar{p}_i = Z_i(t) - \overline{Z}_i(t)$$

die Formel

$$\bar{p}_i \approx \frac{(t-t_0)^{n+1-i}(m+1)!}{(m+2+n-i)!} P_n \qquad (2.27)$$

mit dem üblichen [vgl. (2.5)]

$$P_n = f(\overline{Z}_1(t), \ldots, \overline{Z}_n(t)) - f(Z_{1a}(t), \ldots, Z_{na}(t)) +$$
$$- \sum_{\alpha=1}^{m} \int_{t_0}^{t} \frac{(t-\tau)^{\alpha-1}}{(\alpha-1)!} [D_2 D^\alpha Z_n]_{Z_a(\tau)}\, d\tau. \qquad (2.28)$$

Hier ist nämlich nur die Größe $\bar{p}_n$ wesentlich, weil alle anderen mit Hilfe von

$$\bar{p}_i = \int_{t_0}^{t} \frac{(t-\tau)^{n-i-1}}{(n-i-1)!} \bar{p}_n\, d\tau \qquad (i = 1, \ldots, n-1) \qquad (2.29)$$

durch $\bar{p}_n$ ausgedrückt werden können.

[7] Die Reihenglieder für $\alpha < n - i$ fallen hier, wie man leicht nachprüft, aus.

Es ist nämlich

$$\dot{Z}_i - \dot{\overline{Z}}_i = \dot{\overline{p}}_i = \sum_{\alpha=m+n-i+1}^{\infty} \int_{t_0}^{t} \frac{(t-\tau)^{\alpha-1}}{(\alpha-1)!} \underbrace{[D_2 D^{\alpha} Z_i]_{z_a(\tau)}}_{[D_2 D^{\alpha-1} Z_{i+1}]_{z_a(\tau)}} d\tau$$

$$= \sum_{\beta=m+n-(i+1)+1}^{\infty} \int_{t_0}^{t} \frac{(t-\tau)^{\beta}}{\beta!} [D_2 D^{\beta} Z_{i+1}]_{z_a(\tau)} d\tau$$

$$= Z_{i+1} - \overline{Z}_{i+1} = \overline{p}_{i+1},$$

also gilt

$$\dot{\overline{p}}_i = p_{i+1} \qquad (i = 1, \ldots, n-1).$$

Daher ist

$$\overline{p}_i = \int_{t_0}^{t} \overline{p}_{i+1}(\tau_1)\, d\tau_1 = \underbrace{\int_{t_0}^{t} \ldots \int_{t_0}^{\tau_2}}_{\text{n–i Integrale}} \overline{p}_n(\tau_1)\, d\tau_1 \ldots d\tau_{n-i} = \int_{t_0}^{t} \frac{(t-\tau)^{n-i-1}}{(n-i-1)!} \overline{p}_n(\tau)\, d\tau$$

wegen der bekannten Formel

$$\underbrace{\int_{t_0}^{t} \ldots \left( \int_{t_0}^{\tau_2}\right.}_{\text{k Integrale}} \left. f(\tau_1)\, d\tau_1 \right) \ldots d\tau_k = \int_{t_0}^{t} \frac{(t-\tau)^{k-1}}{(k-1)!} f(\tau)\, d\tau .$$

Nach (2.19) ist aber

$$\overline{p}_n \approx \frac{(t-t_0)}{m+2} P_n ,$$

(2.27) gibt daher das Glied niedrigster Ordnung in $(t - t_0)$, also das bei rascher Konvergenz der Lösungsreihen wesentliche Glied des Reihenrestes $\overline{p}_i$, an.

Bei den Überlegungen zur Bestimmung einer geeigneten Schrittweite vermöge der Forderung $(t - t_0)\, Q_{ik} \ll 1$ spielen daher auch nur die Größen

$$Q_{nk} \approx \overline{Q}_{nk} = \left| \frac{\partial f(\overline{Z}_1, \ldots, \overline{Z}_n)}{\partial \overline{Z}_k} \right| \tag{2.30}$$

eine Rolle, so daß nur

$$\frac{(t-t_0)^{n+1-k}}{(n-k)!} Q_{nk} \ll 1 \qquad (k = 1, \ldots, n) \tag{2.31}$$

zu erfüllen ist [diese Forderungen ergeben sich durch Übertragen der Gedanken aus 2.2, wenn man berücksichtigt, daß wegen (2.29)

$$|\overline{p}_k| \leqq \frac{(t-t_0)^{n-k}}{(n-k)!} |\overline{p}_n|_{max}$$

ist], wodurch die Größe der Schrittweite in der Regel weniger eingeschränkt wird als im Falle (2.17), wo $n^2$ Bedingungen zu erfüllen sind.

## 3. Fehlerfortpflanzung

Wollen wir jetzt die numerischen Werte der Lösungen $Z_1(t), \ldots, Z_n(t)$ für irgendeinen Parameter t angeben, so müssen wir, in $t_0$ beginnend, meist in mehreren, etwa N, Schritten nach dem Verfahren der analytischen Fortsetzung bis t rechnen. Da bei jedem Rechenschritt (neben Rundungsfehlern, über die später noch etwas gesagt werden soll) Abbruchfehler gemacht werden, ist es natürlich wichtig, über die Fehlerfortpflanzung etwas zu wissen. Wir werden Rekursionsformeln für die Maxima der zu erwartenden Fehlergrößen herleiten, so daß dann die Resultate mit Fehlerschranken angegeben werden können.

Zuerst einige Erklärungen:

$Z_i(t)$ ist das exakte Ergebnis der analytischen Fortsetzung der Lösungsreihe (1.13) nach N Schritten;

$\overline{Z}_i(t)$ sei das durch die Rechnung mit den abgebrochenen Reihen (1.14) nach N Schritten gelieferte Ergebnis für $Z_i(t)$;

$(\Delta t)_N$ sei die Schrittweite beim N-ten Rechenschritt, in welchem eine bestimmte Zerlegung $D = D_1 + D_2$ des Operators verwendet wird;

$$Z_{ia}(\tau) = \sum_{\nu=0}^{\infty} \frac{(\tau - t + (\Delta t)_N)^\nu}{\nu!} [D_1^\nu Z_i]_{Z(t-(\Delta t)_N)} = X_i[\tau; Z(t - (\Delta t)_N)],$$

für $\tau \varepsilon [t - (\Delta t)_N, t] = \mathfrak{T}_N$, ist die zu $D_1$ gehörige Funktion, die beim N-ten Rechenschritt verwendet werden müßte;

$$\overline{Z}_{ia}(\tau) = \sum_{\nu=0}^{\infty} \frac{(\tau - t + (\Delta t)_N)^\nu}{\nu!} [D_1^\nu Z_i]_{\overline{Z}(t-(\Delta t)_N)} = X_i[\tau; \overline{Z}(t - (\Delta t)_N)],$$

für $\tau \varepsilon \mathfrak{T}_N$, ist die zu $D_1$ gehörige Funktion, die beim N-ten Rechenschritt wirklich verwendet wird, und daher die Fehler der Größen $\overline{Z}_1(t - (\Delta t)_N), \ldots, \overline{Z}_n(t - (\Delta t)_N)$ trägt;

$$\overline{p}_i^{[N]} = \sum_{\alpha=m+1}^{\infty} \int_{t-(\Delta t)_N}^{t} \frac{(t-\tau)^\alpha}{\alpha!} [D_2 D^\alpha Z_i]_{Z_a(\tau)} d\tau$$

ist der Abbruchfehler beim N-ten Rechenschritt.

Wir interessieren uns für die Fehlergrößen

$$p_i^{[N]} = Z_i(t) - \overline{Z}_i(t) \qquad (i = 1, \ldots, n), \tag{3.1}$$

welche wir über

$$p_{ka}^{[N-1]}(\tau) = Z_{ka}(\tau) - \overline{Z}_{ka}(\tau) \qquad (k = 1, \ldots, n; \tau \varepsilon \mathfrak{T}_N) \tag{3.2}$$

auf die Fehlergrößen beim vorhergehenden Rechenschritt

$$p_k^{[N-1]} = Z_k(t - (\Delta t)_N) - \overline{Z}_k(t - (\Delta t)_N) \tag{3.3}$$

zurückführen. Zunächst ist

$$p_i^{[N]} = Z_{ia}(t) - \overline{Z}_{ia}(t) +$$
$$+ \sum_{\alpha=0}^{m} \int_{t-(\Delta t)_N}^{t} \frac{(t-\tau)^\alpha}{\alpha!} \left\{ [D_2 D^\alpha Z_i]_{Z_a(\tau)} - [D_2 D^\alpha Z_i]_{\overline{Z}_a(\tau)} \right\} d\tau + \bar{p}_i^{[N]} . \tag{3.4}$$

Für die Differenz der Funktionen

$$Y_{i\alpha}[Z_a(\tau)] = [D_2 D^\alpha Z_i]_{Z_a(\tau)} \quad \text{und} \quad Y_{i\alpha}[\overline{Z}_a(\tau)] = [D_2 D^\alpha Z_i]_{\overline{Z}_a(\tau)} \tag{3.5}$$

gilt die TAYLOR-Entwicklung

$$Y_{i\alpha}[Z_a(\tau)] - Y_{i\alpha}[\overline{Z}_a(\tau)] =$$
$$= \sum_{\nu_1+\ldots+\nu_n=1}^{\infty} \frac{(p_{1a}^{[N-1]}(\tau))^{\nu_1} \ldots (p_{na}^{[N-1]}(\tau))^{\nu_n}}{\nu_1! \ldots \nu_n!} \frac{\partial^{\nu_1+\ldots+\nu_n} Y_{i\alpha}[\overline{Z}_a(\tau)]}{(\partial \overline{Z}_{1a}(\tau))^{\nu_1} \ldots (\partial \overline{Z}_{na}(\tau))^{\nu_n}}, \tag{3.6}$$

so daß mit

$$Y_{ij\alpha} = \max \left\{ \left| \frac{\partial Y_{i\alpha}[\overline{Z}_a(\tau)]}{\partial \overline{Z}_{ja}(\tau)} \right| \quad \text{für} \quad \tau \varepsilon \mathfrak{T}_N \right\} \tag{3.7}$$

die Ungleichung

$$|p_i^{[N]}| \leqq |p_{ia}^{[N-1]}(t)| + \sum_{\alpha=0}^{m} \left| \int_{t-(\Delta t)_N}^{t} \frac{(t-\tau)^\alpha}{\alpha!} \sum_{j=1}^{n} Y_{ij\alpha} |p_{ja}^{[N-1]}(\tau)| d\tau \right| + |\bar{p}_i^{[N]}| \tag{3.8}$$

folgt. Nun kann aber auch

$$p_{ja}^{[N-1]}(\tau) =$$
$$\sum_{\nu_1+\ldots+\nu_n=1}^{\infty} \frac{(p_1^{[N-1]})^{\nu_1} \ldots (p_n^{[N-1]})^{\nu_n}}{\nu_1! \ldots \nu_n!} \frac{\partial^{\nu_1+\ldots+\nu_n} X_j[\tau; \overline{Z}(t-(\Delta t)_N)]}{(\partial \overline{Z}_1(t-(\Delta t)_N))^{\nu^1} \ldots (\partial \overline{Z}_n(t-(\Delta t)_N))^{\nu_n}} \tag{3.9}$$

in eine TAYLOR-Reihe entwickelt werden, weshalb mit

$$X_{jk} = \max \left\{ \left| \frac{\partial X_j[\tau; \overline{Z}(t-(\Delta t)_N)]}{\partial \overline{Z}_k(t-(\Delta t)_N)} \right| \quad \text{für} \quad \tau \varepsilon \mathfrak{T}_N \right\} \tag{3.10}$$

und

$$A_{ik}^{[N]} = \sum_{j=1}^{n} X_{jk} [\delta_{ij} + \sum_{\alpha=0}^{m} \frac{(\Delta t)_N^{\alpha+1}}{(\alpha+1)!} Y_{ij\alpha}] \tag{3.11}$$

die Rekursionsformeln

$$|p_i^{[N]}| \leqq \sum_{k=1}^{n} A_{ik}^{[N]} |p_k^{[N-1]}| + |\bar{p}_i^{[N]}| \qquad (i = 1, \ldots, n) \tag{3.12}$$

für die ungünstigste Auswirkung der bereits bestehenden Fehler $p_1^{[N-1]}, \ldots, p_n^{[N-1]}$ der Ausgangsdaten des N-ten Rechenschrittes auf die Resultate entstehen.

*Anmerkung 8:* Solange die numerische Rechnung sinnvoll ist, das heißt, solange $|p_1^{[N]}|, \ldots, |p_n^{[N]}|$ wesentlich kleiner sind als $|Z_1(t)|, \ldots, |Z_n(t)|$ selbst [was man bei vorgegebenem t immer dadurch erreichen kann, daß man von vornherein genügend viele Glieder der Reihen (1.13) bei jedem Rechenschritt berücksichtigt], kann

$$\bar{p}_i^{[N]} = \sum_{\alpha=m+1}^{\infty} \int_{t-(\Delta t)_N}^{t} \frac{(t-\tau)^\alpha}{\alpha!} [D_2 D^\alpha Z_i]_{Z_a(\tau)} d\tau \qquad (3.13)$$

gesetzt werden.

Somit ist aber nach 2. $\bar{p}_i^{[N]}$ genügend genau, die $A_{ik}^{[N]}$ sind wirklich bekannt.

*Anmerkung 9:* Selbstverständlich können bei jedem Rechenschritt die Zerlegung des Operators, die Schrittweite und die Anzahl der zu berücksichtigenden Störintegrale geändert werden. Diese Änderungen gehen entsprechend auch in die betreffenden Rekursionsformeln ein. – Meist wird man aber mehrere Schritte nach denselben Gesichtspunkten rechnen, so daß das Formelsystem (3.12) für ein solches Teilstück einheitlich gilt, wo es dann, wenn man für alle auftretenden Größen deren Maxima im ganzen Teilstück einsetzt [als $(n+1)$-gliedrige lineare Rekursionsformel mit konstanten Koeffizienten], geschlossen gelöst werden kann und daher die Möglichkeit besteht, sich von vornherein über die Maxima der zu erwartenden Abweichungen in groben Zügen Auskunft zu verschaffen und die Rechnung dementsprechend einzurichten.
Für die Größen $A_{ik}^{[N]}$ verwendet man in der Praxis irgendwelche leicht zu bestimmende Ausdrücke $B_{ik}^{[N]}$ mit der Eigenschaft $A_{ik}^{[N]} \leqq B_{ik}^{[N]}$, wodurch sich (3.12) sehr vereinfachen läßt (Beispiel vgl. 9.7).

## 4. Steuerung der Schrittweite

Im Interesse der Rechengenauigkeit wird es, wenn viele Rechenschritte hintereinander ausgeführt werden sollen, zweckmäßig sein, die Schrittweite der jeweiligen Situation anzupassen. Man muß nämlich insbesondere verhüten, daß die Abbruchfehler zu groß werden – sie sollen aber auch nicht zu klein werden, weil man sonst wegen der unnötig kleinen Schrittweite zu langsam vorwärtskommt und so den schädlichen Einfluß von Rundungsfehlern verstärkt.
Man gibt daher feste obere Schranken $\gamma_i$[8] und eine (von allen $\gamma_i$ verschiedene)

[8] Man hätte sich natürlich zu vergewissern, daß die vorgegebenen Schranken $\gamma_i \leqq \tilde{p}_i$ sind, also nicht etwa zu einer unerlaubt großen Schrittweite Anlaß geben, für welche (2.19) nicht mehr genügend genau gilt. Zur Sicherheit wird man im Zweifelsfall besonders zu Beginn, aber auch während der Rechnung, ab und zu einmal prüfen, ob die Schrittweite der Forderung (2.17) einigermaßen gerecht wird; man hat sonst gewisse $\gamma_i$ zu verkleinern. Meist werden aber die $\gamma_i$ ihrer Natur entsprechend von vornherein sehr klein gewählt, so daß zu derartigen Bedenken selten Anlaß besteht. Die Nähe singulärer Stellen merkt man im Verlauf der Rechnung ja ohnedies am raschen Abnehmen der nach dem obigen Verfahren bestimmten Schrittweiten rechtzeitig.

untere Schranke $\gamma \neq 0$ vor und bestimmt $\Delta t = \omega$ für den jeweiligen Rechenschritt so, daß

$$|\bar{p}_i| \leqq \gamma_i \qquad (i = 1, \ldots, n), \tag{4.1}$$

aber mindestens ein $|\bar{p}_i| \geqq \gamma$ ist.
Es ist leicht, eine geeignete Schrittweite systematisch aufzufinden: Wegen (2.1) ist

$$|\bar{p}_i| = h_i(\omega) = \frac{\omega^{m+2}}{(m+2)!} K_i, \tag{4.2}$$

wo $K_i$ in erster Näherung eine Konstante ist. – Man führt nun mit irgendeiner Schrittweite $\omega$ einen Rechenschritt aus, bestimmt nach (2.19) die Größen $|\bar{p}_1|$, $\ldots, |\bar{p}_n|$ und stellt fest, ob die Forderungen für diese Schrittweite erfüllt sind. – Es sind zwei Fälle zu unterscheiden:

Fall 1: alle $|\bar{p}_i|$ erfüllen die Bedingungen (4.1), und mindestens ein $|\bar{p}_j|$ ist größer als $\gamma$;

Fall 2: a) nicht alle $|\bar{p}_i|$ erfüllen die Bedingungen (4.1),
b) alle $|\bar{p}_i|$ sind kleiner als $\gamma$.

Im Falle 1 kann man sofort den nächsten Rechenschritt beginnen. Im Falle 2 muß hingegen die Schrittweite $\omega$ geändert werden: Wenn $|\bar{p}_k|$ das größte aller $|\bar{p}_i|$ – oder im Falle 2a: das größte aller $|\bar{p}_i|$, welche (4.1) nicht erfüllen – ist, soll $\omega_1 = \omega + \Delta\omega$ so bestimmt werden, daß

$$h_k(\omega_1) = \gamma_k^* = \frac{\gamma + \gamma_k}{2} \tag{4.3}$$

gilt.

Aus

$$\Delta\omega \frac{d}{d\omega} h_k(\omega) \approx h_k(\omega_1) - h_k(\omega) = \gamma_k^* - |\bar{p}_k|$$

und

$$\frac{d}{d\omega} h_k(\omega) \approx \frac{\omega^{m+1}}{(m+1)!} K_k = \frac{m+2}{\omega} |\bar{p}_k|$$

folgt dann

$$\omega_1 \approx \frac{\omega}{m+2}\left[m + 1 + \frac{\gamma_k^*}{|\bar{p}_k|}\right]. \tag{4.4}$$

Mit diesem verbesserten Wert $\omega_1$ für $\omega$ beginnt der Vorgang von neuem und wird so oft wiederholt, bis Fall 1 eintritt. Läßt man diese Entscheidung nach jedem Schritt von der Rechenmaschine selbst fällen, so wird die Schrittweite automatisch angepaßt, und man braucht nur die Fehlerschranken $\gamma_i$ und $\gamma$ im Rahmen des Sinnvollen wie gewünscht zu wählen.
Um sicher zu sein, daß dieser Iterationsprozeß in endlich vielen Schritten ein $\omega_1$ liefert, für welches alle Forderungen erfüllt sind (und nicht etwa asymptotisch gegen einen solchen Wert konvergiert), wird jeweils an Stelle der Schranke $\gamma$ bzw. $\gamma_k$ der Mittelwert $\gamma_k^*$ in der Rechnung verwendet.

*Anmerkung 10:* Bei der praktischen Durchführung der Rechnung wird nur der erste Rechenschritt so lange wiederholt, bis eine geeignete Schrittweite gefunden ist; da sich im weiteren Verlauf der Rechnung die Fehlergrößen $|\bar{p}_i|$ nur allmählich ändern, wird man wohl am Ende eines jeden Rechenschrittes entscheiden, ob Fall 1 oder Fall 2 vorliegt, und im Falle 2 eine Änderung der Schrittweite nach (4.4) vornehmen, nicht aber den letzten durchgeführten Rechenschritt mit der neuen Schrittweite wiederholen, sondern gleich weiterrechnen.

Weil es üblich ist, mit abgerundeten Argumentschritten zu rechnen, verwendet man von den nach (4.4) erhaltenen Größen nur die ersten zwei bis drei Ziffern.

## 5. Berechnung der Integrale, welche in den Lösungsreihen auftreten

Die Integrale

$$\int_{t_0}^{t} \frac{(t-\tau)^\alpha}{\alpha!} [D_2 D^\alpha Z_i]_{Z_a(\tau)} d\tau \qquad (i = 1, \ldots, n) \tag{5.1}$$

oder allgemeiner

$$\int_{t_0}^{t} \frac{(t-\tau)^\alpha}{\alpha!} [D_2 D^\alpha f(Z_1, \ldots, Z_n)]_{Z_a(\tau)} d\tau, \tag{5.1'}$$

welche in (1.13) bzw. 1.13') auftreten, haben nun meist eine sehr unerfreuliche Gestalt, und ihre allgemeine Berechnung gelingt nur in den seltensten Fällen. Wir bekommen die numerischen Werte dieser Integrale am einfachsten auf folgende Weise: Wir tabulieren die wohlbekannten Funktionen

$$[D_2 D^\alpha f(Z_1, \ldots, Z_n)]_{Z_a(\tau)} = g_\alpha(\tau) \tag{5.2}$$

für die $\sigma + 1$ äquidistanten Parameterwerte

$$t_\nu = t_0 + \nu h \qquad (\nu = 0,1, \ldots, \sigma), \tag{5.3}$$

wobei

$$h = \frac{t - t_0}{\sigma} = \frac{(\Delta t)}{\sigma} \tag{5.4}$$

ist, und ersetzen $g_\alpha(\tau)$ etwa durch das NEWTONsche Interpolationspolynom; dann gilt mit hinreichender Genauigkeit

$$\int_{t_0}^{t} \frac{(t-\tau)^\alpha}{\alpha!} g_\alpha(\tau)\, d\tau = \frac{(\Delta t)^{\alpha+1}}{(\alpha+1)!} \sum_{\nu=0}^{\sigma} a_{\nu\alpha}^{(\sigma)} \Delta^\nu g_\alpha(t_0). \tag{5.5}$$

Die Differenzen $\Delta^\nu g_\alpha(t_0)$ sind erklärt durch die Formel

$$\Delta^\nu g_\alpha(t_j) = \Delta^{\nu-1} g_\alpha(t_j + h) - \Delta^{\nu-1} g_\alpha(t_j) \tag{5.6}$$

($\nu = 1, \ldots, \sigma$; $\Delta^0 g_\alpha(t_j) = g_\alpha(t_j)$), für die Koeffizienten $a_{\nu\alpha}^{(\sigma)}$ gilt die Darstellung

$$a_{\nu\alpha}^{(\sigma)} = \sum_{i=0}^{\nu} (-1)^i \frac{(\nu - i)!\,(\alpha + 1)!}{\nu!\,(\alpha + 1 + \nu - i)!} \sigma^{\nu - i} s_i^{(\nu)}, \tag{5.7}$$

wobei $s_i^{(\nu)}$ ($i = 1, \ldots, \nu$) die i-te symmetrische Grundfunktion der Zahlen $0, 1, \ldots, \nu - 1$ bedeutet und $s_0^{(\nu)} = 1$ ist, so daß gilt:

$$\begin{aligned}
a_{0\alpha}^{(\sigma)} &= 1, \\
a_{1\alpha}^{(\sigma)} &= \frac{\sigma}{\alpha + 2}, \\
a_{2\alpha}^{(\sigma)} &= \frac{\sigma}{2} \frac{2\sigma - (\alpha + 3)}{(\alpha + 2)(\alpha + 3)}, \\
a_{3\alpha}^{(\sigma)} &= \frac{\sigma}{3} \frac{3\sigma^2 - 3\sigma(\alpha + 4) + (\alpha + 3)(\alpha + 4)}{(\alpha + 2)(\alpha + 3)(\alpha + 4)}, \\
a_{4\alpha}^{(\sigma)} &= \frac{\sigma}{12} \frac{12\sigma^3 - 18\sigma^2(\alpha + 5) + 11\sigma(\alpha + 4)(\alpha + 5) - 3(\alpha + 3)(\alpha + 4)(\alpha + 5)}{(\alpha + 2)(\alpha + 3)(\alpha + 4)(\alpha + 5)}, \\
\ldots &= \ldots
\end{aligned} \tag{5.7'}$$

Bei einem etwaigen Zurückrechnen ist einfach $\Delta t$ (und damit auch h) negativ; die Differenzen $\Delta^\nu g_\alpha(t_0)$ werden auch dann nach Definition (5.6) gebildet, so daß also an keinem Formelausdruck etwas geändert wird. – Begnügt man sich beispielsweise mit $\sigma = 3$, dann verwendet man also zur Berechnung der Störintegrale (5.1) bzw. (5.1′) die Formel

$$\begin{aligned}
&\int_{t_0}^{t} \frac{(t - \tau)^\alpha}{\alpha!} g_\alpha(\tau)\, d\tau = \\
&= \frac{(\Delta t)^{\alpha+1}}{(\alpha + 1)!} \left\{ g_\alpha(t_0) + \frac{3}{\alpha + 2} \Delta g_\alpha(t_0) - \frac{3}{2} \frac{\alpha - 3}{(\alpha + 2)(\alpha + 3)} \Delta^2 g_\alpha(t_0) \right. \\
&\quad \left. + \frac{\alpha^2 - 2\alpha + 3}{(\alpha + 2)(\alpha + 3)(\alpha + 4)} \Delta^3 g_\alpha(t_0) \right\}.
\end{aligned} \tag{5.5'}$$

## 6. Rechenvorgang, Kontrolle der Fehlermöglichkeiten

Sollen also die Lösungen $Z_1(t), \ldots, Z_n(t)$ des autonomen Systems (1.1)[9] unter den Anfangsbedingungen (1.2), die so beschaffen sind, daß alle Funktionen $\vartheta_i(Z_1, \ldots, Z_n)$ in (1.2) regulär sind und nicht zugleich verschwinden, ermittelt

[9] Nicht autonome Systeme sind vorher autonom zu machen. Jedes System gewöhnlicher Differentialgleichungen höherer Ordnung kann (unter der sinnvollen Voraussetzung der Auflösbarkeit aller auftretenden Gleichungen nach den höchsten darin vorkommenden Ableitungen der gesuchten Funktionen) auf einfache Weise in ein System erster Ordnung transformiert werden, so daß überhaupt jedes reguläre Anfangswert-

werden, dann gelingt es in manchen Fällen (eventuell nach Einführung eines geeigneten Parameters $\lambda$), die Lösungen in der Gestalt (1.3) bzw. (1.3′) in geschlossener Form durch bekannte Funktionen auszudrücken[10]. Im allgemeinen ist dies aber nicht möglich, und man muß, wenn man die Lösungen für einen gewissen Parameterwert t kennen oder sich ein Bild vom Verlauf der Lösungskurven machen will, die Reihen (1.13) nach der Methode der analytischen Fortsetzung[11] [wozu in (1.12) bzw. in (6.1) immer nur die jeweiligen Anfangswerte einzusetzen sind] numerisch auswerten.

### *1.) Vorbereitung der Formeln für die Rechnung:*

Wir zerlegen zuerst den Operator (1.4) auf irgendeine Weise so in zwei Bestandteile $D = D_1 + D_2$, daß die zu $D_1$ gehörigen Funktionen bekannte ganze Funktionen werden. Wir haben hierin sehr weitgehende Freiheit, und es ist insbesondere eine Frage der Zweckmäßigkeit, welche Zerlegung gerade gewählt wird (vgl. Anmerkung 4), man will nämlich nicht nur gute, sondern auch leicht zu berechnende Näherungsfunktionen bekommen. Wir ermitteln also zunächst die allgemeinen Formelausdrücke für die zu $D_1$ gehörigen Funktionen

$$Z_{ia}(t) = \sum_{\nu=0}^{\infty} \frac{(t - t_0)^\nu}{\nu!} [D_1 Z_i]_{Z^{(0)}} = X_i[t; Z^{(0)}]. \tag{6.1}$$

Daraufhin verschaffen wir uns durch Differenzieren und nachträgliches Einsetzen der zu $D_1$ gehörigen Funktionen (6.1) die Formeln für die Ausdrücke

$$[D_2 D^\alpha Z_i]_{Z_a(\tau)} \qquad (\alpha = 0, \ldots, m; i = 1, \ldots, n) \tag{6.2}$$

bis zu einer uns passend erscheinenden Ordnung $\alpha = m$.

problem gewöhnlicher Differentialgleichungssysteme nach dem obigen Verfahren gelöst werden kann, sobald die Anfangswerte die an sie gestellten Forderungen erfüllen.

10 Unter Umständen kann man sogar Funktionen $f(Z_1, \ldots, Z_n)$ der Lösungen angeben, deren Lie-Reihendarstellungen nach endlich vielen Gliedern abbrechen [sogenannte Charakteristiken (vgl. [1], § 8), wenn das erste, konstante Glied allein auftritt], und diese dann zur Elimination einiger unbekannter Lösungsfunktionen heranziehen, so daß nicht mehr für alle $Z_i$ Reihen ausgewertet werden müssen; oft werden solche Relationen auch für Kontrollrechnungen verwendet (Beispiel vgl. Anmerkung 11).

11 Die Notwendigkeit zur analytischen Fortsetzung besteht meist gar nicht deswegen, weil etwa das Konvergenzgebiet der Reihen zu klein wäre, sondern vielmehr aus praktischen Gründen: Die numerische Auswertung der Reihen ist nämlich nur möglich, wenn diese rasch konvergieren; das bedeutet, daß immer mit verhältnismäßig kleiner Schrittweite gerechnet werden muß, während das Konvergenzgebiet der Reihen vielleicht in Wirklichkeit so groß ist, daß das ganze interessierende Parameterintervall noch im Innern liegt, ja sogar in dem Falle, wo die Reihen beständig konvergieren, ist man in der Praxis gezwungen, analytisch fortzusetzen.

Für die später unerläßliche Fehlerkontrolle und die Abstimmung der Schrittweite auf die gestellten Genauigkeitsforderungen bereiten wir schließlich noch die Ausdrücke (2.19) für die Abbruchfehler und (3.12) für deren ungünstigste Auswirkung beim Weiterrechnen vor.
Zuletzt wählen wir noch $\sigma$ und $\Delta t$ (wir werden noch darauf eingehen, wie die Größen m, $\sigma$ und $\Delta t$ auf einfache Weise so aufeinander abgestimmt werden können, daß die Resultate den Genauigkeitsansprüchen gerecht werden).

## *2.) Rechenschema für einen Rechenschritt:*

Ist $t_0$ der Ausgangspunkt, $t_0 + \Delta t$ der Endpunkt des Rechenschrittes, dann setzen wir in die geschlossenen Formeln (6.1) die numerisch gegebenen Konstanten

$$\overline{Z}_i(t_0) = Z_i^{(0)} \qquad (i = 1, \ldots, n) \tag{6.3}$$

ein und tabulieren die Funktionen (6.1) und die zugehörigen Funktionen (6.2) für die $\sigma + 1$ äquidistanten Parameterwerte

$$t_\nu = t_0 + \nu h \qquad (\nu = 0, \ldots, \sigma) \quad h = \frac{\Delta t}{\sigma}. \tag{6.4}$$

An Hand der so entstandenen Tabellen können wir dann die Integrale (5.1)

$$\int_{t_0}^{t_0+\Delta t} \frac{(t_0 + \Delta t - \tau)^\alpha}{\alpha!} [D_2 D^\alpha Z_i]_{Z_a(\tau)} d\tau \qquad \begin{matrix} (\alpha = 0, \ldots, m) \\ (i = 1, \ldots, n) \end{matrix} \tag{6.5}$$

nach (5.5) berechnen und bekommen [vgl. (1.14)]

$$\overline{Z}_i(t_0 + \Delta t) = Z_{ia}(t_0 + \Delta t) + \sum_{\alpha=0}^{m} \int_{t_0}^{t_0+\Delta t} \frac{(t_0 + \Delta t - \tau)^\alpha}{\alpha!} [D_2 D^\alpha Z_i]_{Z_a(\tau)} d\tau\,. \tag{6.6}$$

Jetzt ersetzen wir in allen Formeln dieses Absatzes $t_0$ durch $t_0 + \Delta t$ und beginnen mit den Werten (6.6) an Stelle von (6.3) den nächsten Rechenschritt[12]. Diesen Vorgang wiederholen wir so oft, bis wir bei dem Parameterwert t angelangt sind, für welchen uns die Lösungen $Z_1(t), \ldots, Z_n(t)$ interessieren. Wir bekommen zwar nur die mit Fehlern behafteten Größen $\overline{Z}_1(t), \ldots, \overline{Z}_n(t)$, können es aber bei fest vorgegebenem t immer so einrichten, daß sich $\overline{Z}_i(t)$ vom wirklich gesuchten $Z_i(t)$ im Rahmen der gewünschten Genauigkeit nicht unterscheidet.

[12] Sowohl $\Delta t$, m und $\sigma$ als auch die Zerlegung des Operators D könnten wir selbstverständlich vor Beginn des nächsten Rechenschrittes wieder neu wählen.

*3.) Kontrolle der Fehlermöglichkeiten:*

Die Resultate können auf vierfache Weise verfälscht werden, und zwar durch

a) Rundungsfehler beim Rechnen mit fester Stellenzahl: Sie haben Zufallscharakter, ihr verderblicher Einfluß kann aber durch Rechnen mit genügend hoher Stellenzahl in erträglichen Grenzen gehalten werden. Man wird im allgemeinen zweckmäßig mit so viel Stellen rechnen, daß die Größenordnung dieser Fehler kleiner ist als die der Abbruchfehler, ansonsten ist es, wenn man Wert darauf legt, daß die Formeln für die Fehlerfortpflanzung auch wirkliche Fehlerschranken für die Resultate liefern, notwendig, an die Ausdrücke (2.19) für $\bar{p}_i$ noch Größen $p_i^*$ anzufügen, welche den Rundungsfehlern Rechnung tragen sollen. Man sieht daraus sofort, daß die Berechnung der Größenordnung der Reihenreste sinnlos wird, sobald $p_i^*$ die Abbruchfehler $\bar{p}_i$ an Größe übertrifft. Die drei anderen Fehlermöglichkeiten haften der Methode an:

b) Ungenauigkeiten beim Berechnen der Integrale (5.1): Solche können leicht aufgedeckt werden durch einen Versuch mit größerem $\sigma$ oder durch Vor- und Zurückrechnen (beim Zurückrechnen ist nur $\Delta t$ negativ zu nehmen, alle Formeln bleiben unverändert). Treten Abweichungen auf, so vergrößert man $\sigma$. Weil die Integrale höherer Ordnung ($\alpha = 2, 3, 4 \ldots$) meist sehr wenig Einfluß auf das Resultat haben, ist es übrigens auch gar nicht notwendig, alle mit derselben relativen Genauigkeit zu berechnen. Man braucht deshalb nötigenfalls nur für wenige Integrale (etwa für $\alpha = 0$ und $\alpha = 1$) größeres $\sigma$ zu verwenden, um die Genauigkeitsansprüche erfüllen zu können. – Fehler bei der Berechnung dieser Integrale lassen sich jedoch immer, wie groß die Schrittweite $\Delta t$ auch gewählt werden mag, so klein machen, wie man es wünscht, weil ja über *bekannte* Funktionen von $\tau$ integriert wird.

c) Abbruchfehler: Um über diese etwas aussagen zu können, muß man zuerst zur Sicherheit eine obere Schranke für die Schrittweite suchen, bei welcher noch rasche Konvergenz der Reihen (1.13) gewährleistet ist. Nach den Überlegungen in 2. wäre dies in aller Strenge nur sehr mühsam durchführbar, in groben Zügen gelingt das aber mit ausreichender Gewähr, indem man (vgl. Anmerkung 6)

$$|\Delta t|\overline{Q}_{ij} \ll 1 \tag{6.7}$$

fordert. Dann ist es allerdings sehr einfach, die Größenordnung der Reihenreste anzugeben, denn hierfür gelten jetzt die Formeln (2.19). Bei der praktischen Durchführung der Rechnung hat man meist m fest gewählt (es muß aber keineswegs für alle i dasselbe $m = m_i$ gewählt worden sein), und es kommt nur noch darauf an, die Schrittweite so zu bestimmen, daß die Beträge der Abbruchfehler vorgegebene Schranken (4.1) nicht übersteigen.

Man rechnet dazu mit irgendeinem $\Delta t$ den ersten Rechenschritt und bestimmt nach den Formeln (2.19) die zugehörigen Größen $\bar{p}_i$. Sind die Forderungen

(4.1) erfüllt, dann können wir sofort den nächsten Rechenschritt durchführen; andernfalls ändern wir $\Delta t$ ab in [vgl. (4.4)]

$$(\Delta t)_1 = \frac{(\Delta t)}{m+2}\left(m + 1 + \frac{\gamma_k^*}{|\bar{p}_k|}\right)$$

und beginnen wieder von vorne. Die dabei als zulässig herauskommende Schrittweite soll aber immer auch der Forderung (6.7) gerecht werden, weil sonst die rasche Konvergenz der Reihen in Frage gestellt ist und die Formeln (2.19) nicht mehr genügend genau gelten (vgl. 4.). Läßt man dann im Verlauf der weiteren Rechnung die Schrittweite im Sinne der Anmerkung 10 steuern, so besteht die Gewähr, daß die Abbruchfehler in den einzelnen Rechenschritten höchstens die Größenordnung der $\gamma_i$ erreichen. Am Beispiel hat sich übrigens gezeigt, daß man auch ohne die Berücksichtigung weiterer Glieder der Reihen (1.13) eine merkliche Verbesserung der Resultate erzielen kann, wenn man die Größen (2.19) welche ja bei kleinen Schrittweiten die wesentlichen Teile der Reihenreste darstellen, bei den Ergebnissen am Ende eines jeden Rechenschrittes als Korrekturglieder anbringt. Davon wird man in der Praxis gerne Gebrauch machen, auch wenn die Größe der dann noch vorliegenden Fehler nicht mehr angegeben werden kann.

d) Fortpflanzung der Fehler beim Ausführen vieler Rechenschritte hintereinander: Man verfolgt am Ende eines jeden Rechenschrittes nach den Formeln (3.12) die ungünstigste Auswirkung der bereits vorher gemachten Fehler. Sind die so erhaltenen Größen $|p_i|$ für den Parameterwert t, für welchen uns die Lösungen interessieren, nicht befriedigend klein, so muß die Rechnung unter Berücksichtigung weiterer Reihenglieder (größeres m führt zu einer Verkleinerung der Abbruchfehler in den Einzelschritten und trägt so zu einem weniger raschen Anwachsen der Maxima der möglichen Fehler bei) wiederholt werden. Dies hat selbstverständlich nur dann einen Sinn, wenn man mit genügend vielen Stellen rechnet.

   Im Verlauf der Rechnung werden sich die Fehler zwar zum Teil wieder ausgleichen – dies läßt sich aber kaum kontrollieren –, während die nach (3.12) berechneten Fehlergrößen immer weiter anwachsen und so die Zuverlässigkeit der Endresultate beim Zurücklegen sehr großer Parameterintervalle mehr und mehr fraglich erscheinen lassen, so daß bei fix vorgegebener Stellenzahl, mit der die Rechnung durchgeführt werden soll, auf diese Weise immer nur bis zu einem gewissen Parameterwert t Resultate vorgeschriebener Genauigkeit berechnet werden können, denn die Fehler sind naturgemäß jedenfalls mindestens von der Größenordnung der ersten vernachlässigten Stelle.

   Es gibt aber neben dem Vergrößern von m noch eine zweite Möglichkeit, die Resultate zu verbessern: Weil in die Formeln für die Fehlerfortpflanzung neben Abbruch- und Rundungsfehlern auch die Näherungslösungen entscheidend eingehen, wird man jetzt, wo man über die Gestalt der Lösungskurven bereits einiges weiß, bessere Näherungsbahnen finden können, die gleichzeitig zu kleineren Abbruchfehlern führen, eine *Vergrößerung der Schritt-*

*weite* erlauben und für die die Fehlerfortpflanzung nicht so schnell verheerende Folgen hat (vgl. Anmerkung 4).

Abschließend kann jedenfalls gesagt werden, *daß alle Fehler (nach 6., 3a auch die Rundungsfehler) auf einfache Weise unter Kontrolle gehalten werden können*, was eine besonders bemerkenswerte Eigenschaft dieser Methode ist.

KAPITEL II

# Anwendung in der Himmelsmechanik

## 7. Das astronomische n-Körperproblem

Die Bewegungsgleichungen für n Massenpunkte, die sich nach dem Newtonschen Gravitationsgesetz anziehen, haben, wenn $m_k$ ($= K^2 M_k =$ Gravitationskonstante mal Masse) die Massenzahl des k-ten Massenpunktes, $\vec{x}_k = \{x_k, y_k, z_k\}$ und $\vec{u}_k = \{u_k, v_k, w_k\}$ dessen Ort und Geschwindigkeit in einem Inertialsystem sind, die Gestalt:

$$\begin{aligned} \dot{\vec{x}}_i &= \vec{u}_i \\ \dot{\vec{u}}_i &= \sum_k{}' m_k \frac{\vec{x}_k - \vec{x}_i}{|\vec{x}_k - \vec{x}_i|^3} \end{aligned} \qquad (i = 1, \ldots, n)\,. \tag{7.1}$$

Der Punkt über den Buchstabensymbolen bedeutet Ableitung nach der Zeit t, der Strich am Summenzeichen bringt zum Ausdruck, daß der i-te Summand wegzulassen ist. – Vorgegeben sind die Ausgangsstellungen und -geschwindigkeiten

$$\vec{x}_i(t_0) = \vec{x}_i^{(0)} \quad \text{und} \quad \vec{u}_i(t_0) = \vec{u}_i^{(0)} \qquad (i = 1, \ldots, n) \tag{7.2}$$

für den Zeitpunkt $t_0$ (sie müssen so beschaffen sein, daß für alle $i \neq k$ $|\vec{x}_k^{(0)} - \vec{x}_i^{(0)}| \neq 0$ ist), man interessiert sich für die Stellung der Massenpunkte in Abhängigkeit von der Zeit, muß aber wegen der Notwendigkeit, die Lösungen analytisch fortzusetzen[13], auch die Geschwindigkeiten kennen. Man hat also insgesamt 6 n Funktionen zu bestimmen, von denen aber zehn mit Hilfe der algebraischen Integrale eliminiert werden können.

Nach der Vorschrift aus Kapitel I müssen wir jetzt den zu (7.1) gehörigen Operator

$$D = \sum_{j=1}^{n} \left[ \vec{u}_j \frac{\partial}{\partial \vec{x}_j} + \sum_k{}' m_k \frac{\vec{x}_k - \vec{x}_j}{|\vec{x}_k - \vec{x}_j|^3} \frac{\partial}{\partial \vec{u}_j} \right] \tag{7.3}$$

[13] Vgl. Fußnote 11. – Es besteht auch, ausgenommen den Fall $n = 2$ und einige Sonderfälle, wo ein bestimmtes Massenverhältnis und sehr spezielle Ausgangsdaten vorausgesetzt werden (LAGRANGEsche Sonderfälle, restringiertes Problem), keine Aussicht, neben den zehn bekannten algebraischen Integralen noch weitere algebraische Zusammenhänge zu finden.

in zwei Bestandteile $D_1 + D_2$ zerlegen. Dabei sind

$$\frac{\partial}{\partial \vec{x}} = \left\{\frac{\partial}{\partial x}, \frac{\partial}{\partial y}, \frac{\partial}{\partial z}\right\} \quad \text{und} \quad \frac{\partial}{\partial \vec{u}} = \left\{\frac{\partial}{\partial u}, \frac{\partial}{\partial v}, \frac{\partial}{\partial w}\right\} \text{ Gradientensymbole,}$$

$\vec{u}\,\frac{\partial}{\partial \vec{x}} = u\frac{\partial}{\partial x} + v\frac{\partial}{\partial y} + w\frac{\partial}{\partial z}$ ist als skalares Produkt aufzufassen; wir werden später an Stellen, wo es notwendig erscheint, skalare Produkte in Ecken schreiben, etwa $\langle \vec{x}\,\vec{u}\rangle = xu + yv + zw$. Die Zerlegung geschieht in naheliegender Weise wie folgt:

$$\begin{aligned} D_1 &= \sum_{j=1}^{n}\left[\vec{u}_j\frac{\partial}{\partial \vec{x}_j} + \vec{F}_j(\vec{x}_1,\ldots,\vec{x}_n)\frac{\partial}{\partial \vec{u}_j}\right], \\ D_2 &= \sum_{j=1}^{n}\left[\sum_k{}' m_k\frac{\vec{x}_k - \vec{x}_j}{|\vec{x}_k - \vec{x}_j|^3} - \vec{F}_j(\vec{x}_1,\ldots,\vec{x}_n)\right]\frac{\partial}{\partial \vec{u}_j} \\ &= \sum_{j=1}^{n}\vec{\delta}_j(\vec{x}_1,\ldots,\vec{x}_n)\frac{\partial}{\partial \vec{u}_j}. \end{aligned} \tag{7.4}$$

Dabei sind $\vec{F}_1, \ldots, \vec{F}_n$ noch in mannigfacher Weise frei wählbar[14]. Von dieser Wahl hängen dann auch die Güte und die leichte Berechenbarkeit der Näherungsbahnen[15]

$$\vec{x}_{ia}(t) = \sum_{\nu=0}^{\infty}\frac{(t-t_0)^\nu}{\nu!}[D_1^\nu\vec{x}_i]_{\vec{x}(0),\vec{u}(0)} \tag{7.5}$$

und der Näherungsgeschwindigkeiten

$$\vec{u}_{ia}(t) = \sum_{\nu=0}^{\infty}\frac{(t-t_0)^\nu}{\nu!}[D_1^\nu\vec{u}_i]_{\vec{x}(0),\vec{u}(0)}, \tag{7.5'}$$

aber auch das Konvergenzverhalten der Reihen für die gesuchten Lösungen

$$\begin{aligned} \vec{x}_i(t) &= \vec{x}_{ia}(t) + \sum_{\alpha=0}^{\infty}\int_{t_0}^{t}\frac{(t-\tau)^\alpha}{\alpha!}[D_2D^\alpha\vec{x}_i]_{\vec{x}_a(\tau),\vec{u}_a(\tau)}d\tau, \\ \vec{u}_i(t) &= \vec{u}_{ia}(t) + \sum_{\alpha=0}^{\infty}\int_{t_0}^{t}\frac{(t-\tau)^\alpha}{\alpha!}[D_2D^\alpha\vec{u}_i]_{\vec{x}_a(\tau),\vec{u}_a(\tau)}d\tau \\ &= \vec{u}_{ia}(t) + \sum_{\alpha=0}^{\infty}\int_{t_0}^{t}\frac{(t-\tau)^\alpha}{\alpha!}[D_2D^{\alpha+1}\vec{x}_i]_{\vec{x}_a(\tau),\vec{u}_a(\tau)}d\tau \end{aligned} \tag{7.6}$$

[14] Verwendet man nichtautonome Zerlegungen, wo die $\vec{F}_j(\vec{x}_1, \ldots, \vec{x}_n, t)$ noch explizit von t abhängen, dann bekommen die Operatoren D und $D_1$ das Zusatzglied $+\frac{\partial}{\partial t}$; statt $[D_1^\nu\vec{x}_i]_{\vec{x}(0),\vec{u}(0)}$ muß dann $[D_1^\nu\vec{x}_i]_{\vec{x}(0),\vec{u}(0),t_0}$, statt $[D_2D^\alpha\vec{x}_i]_{\vec{x}_a(\tau),\vec{u}_a(\tau)}$ muß $[D_2D^\alpha\vec{x}_i]_{\vec{x}_a(\tau),\vec{u}_a(\tau),\tau}$ stehen (vgl. Anmerkung 4 und Beispiel 8e).

[15] Im Hinblick auf die physikalische Deutung der Zerlegung des Operators bezeichnen wir im Kapitel II zur Vereinfachung der Ausdrucksweise die zu $D_1$ gehörigen Funktionen als Näherungsbahnen und Näherungsgeschwindigkeiten, die (5.1) bzw. (6.2) entsprechenden Ausdrücke als Störintegrale bzw. Störfunktionen.

ab[16]. In der Praxis kann man sich meist mit

$$\vec{x}_i(t) = \vec{x}_{ia}(t) + \int_{t_0}^{t} (t-\tau)\vec{\delta}_{ia}(\tau)\, d\tau + \int_{t_0}^{t} \frac{(t-\tau)^3}{3!}\vec{\eta}_{ia}(\tau)\, d\tau,$$

$$\vec{u}_i(t) = \vec{u}_{ia}(t) + \int_{t_0}^{t} \vec{\delta}_{ia}(\tau)\, d\tau + \int_{t_0}^{t} \frac{(t-\tau)^2}{2!}\vec{\eta}_{ia}(\tau)\, d\tau \qquad (7.7)$$

(also mit $m = 2$, wenn wir auf die Analogie zum Beispiel in Anmerkung 7 hinweisen wollen) begnügen. Dabei sind die Funktionen $\vec{\eta}_i$ gegeben durch

$$\vec{\eta}_i = [D_2 D^3 \vec{x}_i]$$
$$= \sum_k{}' \frac{m_k}{|\vec{x}_k - \vec{x}_i|^3}\left[(\vec{\delta}_k - \vec{\delta}_i) - 3\frac{\langle(\vec{x}_k - \vec{x}_i)(\vec{\delta}_k - \vec{\delta}_i)\rangle}{|\vec{x}_k - \vec{x}_i|^2}(\vec{x}_k - \vec{x}_i)\right] \quad (i = 1, \ldots, n); \qquad (7.8)$$

$\vec{\delta}_{ia}(\tau)$ und $\vec{\eta}_{ia}(\tau)$ sind dann die Ausdrücke $\vec{\delta}_i$ nach (7.4) und $\vec{\eta}_i$ nach (7.8), wenn überall nach Vorschrift $\vec{x}_{ka}(\tau)$ [gegeben durch (7.5)] statt $\vec{x}_k$ eingesetzt wird. Die Kontrolle der Abbruchfehler gelingt dann, wenn man die Schrittweite $\Delta t$ so bestimmt hat, daß

$$|\Delta t|^2 \sum_k{}' \frac{m_k}{\left|\bar{\bar{x}}_k(t) - \bar{\bar{x}}_i(t)\right|^3} \ll 1 \qquad (i = 1, \ldots, n) \qquad (7.9)$$

ist — diese Bedingungen erhält man durch Übertragung der Überlegungen von 2., besonders Anmerkung 7, nach (2.27) bzw. (2.19) — mit Hilfe der Formeln[17]

[16] Das letzte wegen $D\vec{x}_i = \vec{u}_i$; man sieht daraus, daß die Geschwindigkeiten mit denselben Störfunktionen wie die Stellungen zu bilden sind, nur die Störintegrale sind in ihrer Ordnung um eins erniedrigt, wie es auch sein muß. – Dadurch wird viel an Rechenarbeit erspart bleiben.

Weil in $D_2$ die Gradientensymbole $\frac{\partial}{\partial \vec{x}}$ nicht auftreten, entfällt in der Formel (7.6) für $\vec{x}_i$ das Glied mit $\alpha = 0$; ebenso fällt bei $\vec{x}_i$ das Glied mit $\alpha = 2$, bei $\vec{u}_i$ das Glied mit $\alpha = 1$ aus, weil die Funktionen $\vec{\delta}_j(\vec{x}_1, \ldots, \vec{x}_n)$ von $\vec{u}_1, \ldots, \vec{u}_n$ nicht abhängen, nach denen bei der Bildung von $D_2 D^2 \vec{x}_i = D_2 D\vec{u}_i$ abgeleitet wird. Übrigens besteht weitgehende Analogie zu dem in Anmerkung 7 behandelten speziellen Beispiel, wie denn ja auch (7.1) aus den Differentialgleichungen zweiter Ordnung

$$\ddot{\vec{x}}_i = \sum_k{}' m_k \frac{\vec{x}_k - \vec{x}_i}{|\vec{x}_k - \vec{x}_i|^3} \qquad (i = 1, \ldots, n) \qquad (7.1')$$

durch die Transformation $\dot{\vec{x}}_i = \vec{u}_i$ entstanden ist.

[17] Ursprünglich gilt ja

$$\bar{\bar{p}}_i \approx \frac{(\Delta t)^2}{(m+2)(m+3)}\vec{P}_i, \qquad (7.10')$$

$$\bar{\bar{q}}_i \approx \frac{(\Delta t)}{m+2}\vec{P}_i$$

$$\vec{\vec{p}}_i = \vec{x}_i(t_0 + \Delta t) - \vec{\vec{x}}_i(t_0 + \Delta t) \approx \frac{(\Delta t)^2}{20} \vec{P}_i ,$$

$$\vec{\vec{q}}_i = \vec{u}_i(t_0 + \Delta t) - \vec{\vec{u}}_i(t_0 + \Delta t) \approx \frac{(\Delta t)}{4} \vec{P}_i \qquad (7.10)$$

mit

$$\vec{P}_i = \sum_k{}' m_k \left[ \frac{\vec{\vec{x}}_k(t) - \vec{\vec{x}}_i(t)}{|\vec{\vec{x}}_k(t) - \vec{\vec{x}}_i(t)|^3} - \frac{\vec{x}_{ka}(t) - \vec{x}_{ia}(t)}{|\vec{x}_{ka}(t) - \vec{x}_{ia}(t)|^3} \right] - \int_{t_0}^{t} (t - \tau) \vec{\eta}_{ia}(\tau)\, d\tau . \qquad (7.11)$$

Die Formeln für die Fehlerfortpflanzung haben im speziellen Fall meist sehr einfache Gestalt (besonders wenn man nach dem Schlußsatz der Anmerkung 9 verfährt), sie sollen hier nicht angeführt werden [vgl. (9.17)]; man erhält sie nach 3. Wesentlich sind dabei jedenfalls die Näherungsbahnen, also die Zerlegung des Operators und die Beträge der Vektoren

$$\frac{\partial \vec{\delta}_{ia}}{\partial x_{ja}}, \frac{\partial \vec{\delta}_{ia}}{\partial y_{ja}}, \frac{\partial \vec{\delta}_{ia}}{\partial z_{ja}}, \qquad (i, j = 1, \ldots, n).$$

Verschiedene Näherungsbahnen rufen auch bei (7.10) bereits bedeutende Unterschiede hervor. Irgendwelche Zusatzglieder in den Differentialgleichungen (7.1), welche etwa die Abplattung der Körper, die Luftreibung und dgl. berücksichtigen sollen, können nach demselben Formalismus mitintegriert werden.

*Anmerkung 11 :* Die zehn algebraischen Integrale des n-Körperproblems im dreidimensionalen Raum sind:

1. *Der gewöhnliche Impulssatz oder der Satz von der Bewegung des Schwerpunktes*

   Er stellt sechs Relationen zwischen den 6 n Unbekannten her.

   Es ist

$$\vec{x}^* = \frac{1}{M} \sum_{i=1}^{n} M_i \vec{x}_i \quad \text{mit} \quad M = \sum_{i=1}^{n} M_i \qquad (7.12)$$

   der Ort des Schwerpunktes; wegen $D^2 \vec{x}^* = 0$ gilt dann

$$\vec{x}^*(t) = \vec{x}^{*(0)} + \vec{u}^{*(0)}(t - t_0)$$

$$\vec{u}^*(t) = \vec{u}^{*(0)} \qquad (7.13)$$

mit

$$\vec{P}_i = \sum_k{}' m_k \left[ \frac{\vec{\vec{x}}_k(t) - \vec{\vec{x}}_i(t)}{|\vec{\vec{x}}_k(t) - \vec{\vec{x}}_i(t)|^3} - \frac{\vec{x}_{ka}(t) - \vec{x}_{ia}(t)}{|\vec{x}_{ka}(t) - \vec{x}_{ia}(t)|^3} \right] +$$

$$- \sum_{\alpha=1}^{m} \int_{t_0}^{t} \frac{(t - \tau)^{\alpha-1}}{(\alpha - 1)!} [D_2 D^\alpha \vec{u}_i]_{\vec{x}_{a(\tau)}, \vec{u}_{a(\tau)}} d\tau , \qquad (7.11')$$

in (7.10) ist aber m = 2.

(geradlinige Bewegung mit konstanter Geschwindigkeit). Der Schwerpunktsatz erlaubt die Einführung von Relativkoordinaten, die im besonderen Fall noch geeignet gewählt werden können; ein Orts- und ein Geschwindigkeitsvektor können so eliminiert werden.
Es bedeutet übrigens keine Einschränkung der Allgemeinheit (vgl. [7], § 10), wenn man $\vec{x}^*(t) \equiv 0$ (also $\vec{x}^{*(0)} = 0$, $\vec{u}^{*(0)} = 0$) setzt, denn es sind ja alle Inertialsysteme untereinander gleichberechtigt.

2. *Der Drehimpulssatz*

Dieser liefert drei weitere Beziehungen. Es ist (vektorielles Produkt)

$$\vec{P} = \sum_{i=1}^{n} M_i [\vec{x}_i \times \vec{u}_i] = \vec{P}^{(0)} \quad \text{wegen} \quad D\vec{P} = 0 . \tag{7.14}$$

3. *Der Energiesatz*

Wegen $DE_{gesamt} = 0$ gilt

$$E_{gesamt} = \sum_{i=1}^{n} M_i \frac{\vec{u}_i^2}{2} - K^2 \sum_{i<k} \frac{M_k M_i}{|\vec{x}_k - \vec{x}_i|} = E^{(0)}_{gesamt} . \tag{7.15}$$

Die Sätze 2 und 3 werden oft nur zu Kontrollrechnungen herangezogen, weil die Elimination weiterer Unbekannter mit ihrer Hilfe zu schwerfälligen Formelausdrücken führt.

*Anmerkung 12:* Solange keine weiteren Glieder der Reihen ausgewertet werden, hat man zur Berechnung der Störintegrale nur die Vektoren $\vec{x}_{ka}(t_\nu)$, $\vec{\delta}_{ka}(t_\nu)$ und $\vec{\eta}_{ka}(t_\nu)$ zu tabulieren, während von den Geschwindigkeiten allein $\vec{u}_{ka}(t_0 + \Delta t)$ gebraucht wird. Berücksichtigt man jedoch weitere Glieder, so treten auch Ausdrücke in Erscheinung, welche die Tabulierung von $\vec{u}_{ka}(t_\nu)$ erfordern.
Diese nehmen allerdings sehr bald komplizierte Gestalt an, liefern aber auch sehr kleine Beiträge, so daß die Korrektur mit Hilfe der Größen (7.10′) die Berechnung von Störintegralen hoher Ordnung weitgehend erübrigen kann. Wie die Erfahrungen gezeigt haben, erreicht man aber bereits mit einem einzigen Störintegral erstaunlich hohe Genauigkeit für ziemlich lange Zeiten.
Um Mißverständnissen vorzubeugen, sei noch einmal daran erinnert (6., 2), daß die allgemeinen Ausdrücke für die Näherungsbahnen [damals (6.1), jetzt (7.5)] vor Beginn eines jeden Rechenschrittes auf die jeweils neu erhaltenen Werte der Lösungen zu spezialisieren sind. $\vec{x}_{ka}(t)$ und $\vec{u}_{ka}(t)$ müssen selbstverständlich möglichst genau nach den hierfür geltenden Formeln berechnet werden, weil die Methode nach dem Prinzip der analytischen Fortsetzung abläuft und kein Iterationsverfahren darstellt.

## 8. Zusammenstellung einiger spezieller Näherungsbahnen

Das Ziel der Ausführungen dieses Abschnittes ist es, auf einige besonders einfache, in der Praxis aber trotzdem bereits gut verwendbare Zerlegungsmöglichkeiten des Operators (7.3) hinzuweisen.

Wählt man für $\vec{F}_k$ eine allein von $\vec{x}_k$ abhängige Funktion

$$\vec{F}_k = \vec{F}_k(\vec{x}_k)\,, \tag{8.1}$$

dann lassen sich $\vec{x}_k$ und $\vec{u}_k$ bei der Berechnung der Näherungsbahnen von den übrigen Variablen separieren, denn vom Operator

$$D_1 = \sum_{j=1}^{n} \left[ \vec{u}_j \frac{\partial}{\partial \vec{x}_j} + \vec{F}_j(\vec{x}_1, \ldots, \vec{x}_n) \frac{\partial}{\partial \vec{u}_j} \right] \tag{8.2}$$

kommt bei der Bildung von $D_1^\nu \vec{x}_k$ immer nur der Teil

$$D_{1k} = \vec{u}_k \frac{\partial}{\partial \vec{x}_k} + \vec{F}_k(\vec{x}_k) \frac{\partial}{\partial \vec{u}_k} \tag{8.3}$$

zur Wirkung, so daß allgemein gilt

$$D_1^\nu \vec{x}_k = D_{1k}^\nu \vec{x}_k \qquad (\nu = 0, 1, 2, \ldots) \tag{8.4}$$

und

$$\vec{x}_{ka}(t) = \sum_{\nu=0}^{\infty} \frac{(t - t_0)^\nu}{\nu!} [D_{1k}^\nu \vec{x}_k]_{\vec{x}^{(0)}, \vec{u}^{(0)}} \tag{8.5}$$

bzw.

$$\vec{u}_{ka}(t) = \sum_{\nu=0}^{\infty} \frac{(t - t_0)^\nu}{\nu!} [D_{1k}^\nu \vec{u}_k]_{\vec{x}^{(0)}, \vec{u}^{(0)}} \tag{8.5'}$$

allein mit Hilfe des Teiloperators $D_{1k}$ gewonnen werden können.

*Beispiele für besonders naheliegende Wahl solcher Teiloperatoren:*

Wir lassen in diesem, vom übrigen losgelösten Unterabschnitt begreiflicherweise die Indizes weg:

a)
$$D = \vec{u} \frac{\partial}{\partial \vec{x}}, \quad \vec{F} \equiv 0$$

(physikalische Deutung: keine Beschleunigung).

Wegen

$$D\vec{x} = \vec{u}$$
$$D^\nu \vec{x} = 0 \qquad (\nu = 2, 3, \ldots)$$

ist die Bahn die Gerade

$$\vec{x}(t) = \sum_{\nu=0}^{\infty} \frac{(t - t_0)^\nu}{\nu!} [D^\nu \vec{x}]_{\vec{x}^{(0)}, \vec{u}^{(0)}} = \vec{x}^{(0)} + \vec{u}^{(0)}(t - t_0)\,,$$

welche mit der konstanten Geschwindigkeit

$$\vec{u}(t) = \sum_{\nu=0}^{\infty} \frac{(t - t_0)^\nu}{\nu!} [D^\nu \vec{u}]_{\vec{x}^{(0)}, \vec{u}^{(0)}} = \vec{u}^{(0)}$$

durchlaufen wird.

b) $$D = \vec{u} \frac{\partial}{\partial \vec{x}} + \vec{a} \frac{\partial}{\partial \vec{u}}, \qquad \vec{F} = \vec{a} = \text{const}$$

(physikalische Deutung: konstante Beschleunigung, homogenes Feld).

Diesmal ist

$$\begin{aligned} D\vec{x} &= \vec{u}, \\ D^2\vec{x} &= \vec{a}, \\ D^\nu\vec{x} &= 0 \qquad (\nu = 3, 4, \ldots), \end{aligned}$$

also gehört zu diesem Operator die Parabelbahn

$$\vec{x}(t) = \vec{x}^{(0)} + \vec{u}^{(0)}(t - t_0) + \vec{a} \frac{(t - t_0)^2}{2},$$

die mit der Geschwindigkeit

$$\vec{u}(t) = \vec{u}^{(0)} + \vec{a}(t - t_0)$$

durchlaufen wird.

c) $$D = \vec{u} \frac{\partial}{\partial \vec{x}} - c^2 \vec{x} \frac{\partial}{\partial \vec{u}}, \qquad \vec{F} = - c^2 \vec{x}, \quad c^2 = \text{const}$$

(physikalische Deutung: Beschleunigung proportional dem Abstand, elastische Bindung).

Man bekommt

$$\left.\begin{aligned} D^{2\mu}\vec{x} &= (-1)^\mu c^{2\mu} \vec{x} \\ D^{2\mu+1}\vec{x} &= (-1)^\mu c^{2\mu} \vec{u} \end{aligned}\right\} \qquad (\mu = 0, 1, 2, \ldots),$$

also die Ellipse

$$\vec{x}(t) = \sum_{\mu=0}^{\infty} \frac{(t - t_0)^{2\mu}}{(2\mu)!} (-1)^\mu c^{2\mu} \vec{x}^{(0)} + \sum_{\mu=0}^{\infty} \frac{(t - t_0)^{2\mu+1}}{(2\mu + 1)!} (-1)^\mu c^{2\mu} \vec{u}^{(0)} =$$

$$= \vec{x}^{(0)} \cos[c(t - t_0)] + \frac{1}{c} \vec{u}^{(0)} \sin[c(t - t_0)]$$

als Bahn und

$$\vec{u}(t) = -c\vec{x}^{(0)} \sin[c(t-t_0)] + \vec{u}^{(0)} \cos[c(t-t_0)]$$

als Geschwindigkeit.

d) $$D = \vec{u}\frac{\partial}{\partial\vec{x}} - \frac{m}{|\vec{x}|^3}\vec{x}\frac{\partial}{\partial\vec{u}}, \qquad \vec{F} = -\frac{m}{|\vec{x}|^3}\vec{x}, \qquad m = \text{const}$$

(physikalische Deutung: Beschleunigung umgekehrt proportional dem Quadrat des Abstandes, Newtonsches Gravitationsgesetz).

Es gelingt hier nicht, $D^\nu\vec{x}$ allgemein anzugeben. Wir bedienen uns daher einer Parametersubstitution nach Anmerkung 2 und rechnen mit

$$D^* = |\vec{x}|\,D + |\vec{x}|\frac{\partial}{\partial t} = \vec{u}\,|\vec{x}|\frac{\partial}{\partial\vec{x}} - \frac{m}{|\vec{x}|^2}\vec{x}\frac{\partial}{\partial\vec{u}} + |\vec{x}|\frac{\partial}{\partial t}$$

an Stelle von D; das bedeutet, daß wir nach der (»regularisierenden«) Variablen

$$\lambda = \int_{t_0}^{t} \frac{d\tau}{|\vec{x}(\tau)|}$$

entwickeln. Zunächst stellt man fest, daß

$$D^*\left[\frac{2\,m}{|\vec{x}|} - \vec{u}^2\right] = 0$$

ist, weshalb

$$C = \frac{2\,m}{|\vec{x}|} - \vec{u}^2 = C^{(0)}$$

konstant ist (»Charakteristik«, vgl. Fußnote 10); dann bestätigt man durch vollständige Induktion, daß

$$D^{*2\mu+1}\vec{x} = \left[\vec{u}^2 - \frac{2\,m}{|\vec{x}|}\right]^\mu |\vec{x}|\,\vec{u} \qquad (\mu = 0, 1, \ldots)$$

also

$$D^{*2\mu+2}\vec{x} = \left[\vec{u}^2 - \frac{2\,m}{|\vec{x}|}\right]^\mu \left[\langle\vec{x}\,\vec{u}\rangle\,\vec{u} - \frac{m}{|\vec{x}|}\vec{x}\right]$$

ist. Nochmaliges Anwenden des Operators $D^*$ liefert nämlich den ersten Ausdruck für $\mu + 1$ statt für $\mu$, womit die Richtigkeit nachgewiesen ist.

Für die Bahn gilt daher, falls $C > 0$ ist,

$$\vec{x} = \sum_{\nu=0}^{\infty} \frac{\lambda^\nu}{\nu!}[D^{*\nu}\vec{x}]_{\vec{x}^{(0)},\,\vec{u}^{(0)},\,t_0} = \vec{x}^{(0)} + \vec{a}\,[\cos\sqrt{C}\lambda - 1] + \vec{b}\,\sin\sqrt{C}\lambda\,. \qquad (8.6)$$

Für $C < 0$ treten $\cosh \sqrt{C}\lambda$ und $\sinh \sqrt{C}\lambda$ auf, den Fall $C = 0$ erhält man durch Grenzübergang. Die in Gl. (8.6) auftretenden Größen $\vec{a}$ und $\vec{b}$ ergeben sich zu

$$\vec{a} = -\frac{1}{C}\left[\langle \vec{x}^{(0)} \vec{u}^{(0)} \rangle \vec{u}^{(0)} - \frac{m}{|\vec{x}^{(0)}|} \vec{x}^{(0)}\right],$$

$$\vec{b} = \frac{1}{\sqrt{C}}\,[\,|\vec{x}^{(0)}|\,\vec{u}^{(0)}].$$

Weiter erhält man $|\vec{x}|$ entweder aus der LIE-Reihe

$$|\vec{x}| = \sum_{\nu=0}^{\infty} \frac{\lambda^\nu}{\nu!} [D^{*\nu} |\vec{x}|]_{\vec{x}^{(0)},\, \vec{u}^{(0)},\, t_0}$$

oder schneller aus (8.6)

$$|\vec{x}| = |\vec{x}^{(0)}| - \frac{1}{C}\{|\vec{x}^{(0)}|(\vec{u}^{(0)})^2 - m\}[\cos\sqrt{C}\lambda - 1] + \frac{1}{\sqrt{C}}\langle \vec{x}^{(0)}\vec{u}^{(0)}\rangle \sin\sqrt{C}\lambda.$$

Die Geschwindigkeit ist gegeben durch

$$\vec{u} = \frac{1}{|\vec{x}|}\frac{d}{d\lambda}\vec{x}.$$

Den Zusammenhang zwischen $\lambda$ und $t$ erhalten wir entweder aus der LIE-Reihe

$$t = \sum_{\nu=0}^{\infty} \frac{\lambda^\nu}{\nu!} [D^{*\nu} t]_{\vec{x}^{(0)},\, \vec{u}^{(0)},\, t_0}$$

oder nach (1.9) zu

$$t = t_0 + \frac{m}{C}\lambda - \frac{1}{C}\langle \vec{x}^{(0)}\vec{u}^{(0)}\rangle [\cos\sqrt{C}\lambda - 1] +$$

$$-\frac{1}{C\sqrt{C}}[\,|\vec{x}^{(0)}|(\vec{u}^{(0)})^2 - m]\sin\sqrt{C}\lambda. \qquad (8.7)$$

Dies ist aber die bekannte Lösung des Zweikörperproblems, die KEPLER-Ellipse (8.6), wie es auch sein muß, weil D der Operator eines Zweikörperproblems ist. Es ist $\vec{x}$ die Relativstellung, $\vec{u}$ die Relativgeschwindigkeit und m die Summe der Massenzahlen beider Körper. Die sogenannte KEPLER-Gleichung (8.7) stellt den Zusammenhang der Zeit t mit der exzentrischen Anomalie $E = \sqrt{C}\lambda$ her.
Mit den bisher aufgezählten besonders einfachen Zerlegungen kann man in der Praxis bereits sehr viel erreichen, so daß es höchstens für »Langzeit«-Rechnungen unter Umständen notwendig werden könnte, kompliziertere Zerlegungsmöglichkeiten in Betracht zu ziehen.
e) Sehr leicht zu behandeln und bei geeigneter Wahl der konstanten Vektoren $\vec{a}_\nu$ (die in der späteren Anwendung selbstverständlich vor jedem Rechenschritt

neu gewählt werden dürfen) besonders wirksam dürfte die nichtautonome Zerlegung (vgl. Anmerkung 4)

$$D = \vec{u}\frac{\partial}{\partial \vec{x}} + \left[\sum_{\nu=0}^{\rho} \vec{a}_\nu (t - t_0)^\nu\right] \frac{\partial}{\partial \vec{u}} + \frac{\partial}{\partial t},$$

$$\vec{F} = \sum_{\nu=0}^{\rho} \vec{a}_\nu (t - t_0)^\nu$$

sein.

Es entsteht

$$D\vec{x} = \vec{u},$$

$$D^{\mu+2}\vec{x} = \sum_{\nu=\mu}^{\rho} \vec{a}_\nu (\nu - \mu)!\, \binom{\nu}{\nu-\mu} (t - t_0)^{\nu-\mu} \qquad (\mu = 0, \ldots, \rho),$$

$$D^\nu \vec{x} = 0 \qquad (\nu = \rho + 3, \rho + 4, \ldots),$$

und für Bahn und Geschwindigkeit erhalten wir

$$\vec{x}(t) = \sum_{\nu=0}^{\infty} \frac{(t - t_0)^\nu}{\nu!} [D^\nu \vec{x}]_{\vec{x}^{(0)}, \vec{u}^{(0)}, t_0}$$

$$= \vec{x}^{(0)} + \vec{u}^{(0)}(t - t_0) + \sum_{\nu=0}^{\rho} \vec{a}_\nu \frac{(t - t_0)^{\nu+2}}{(\nu+1)(\nu+2)},$$

$$\vec{u}(t) = \vec{u}^{(0)} + \sum_{\nu=0}^{\rho} \vec{a}_\nu \frac{(t - t_0)^{\nu+1}}{\nu + 1}.$$

Im Zusammenhang tragen dann wieder alle Größen irgendwelche Indizes, und die hier aufgezählten Bahnen und Geschwindigkeiten fungieren als Näherungsbahnen und -geschwindigkeiten.

Weniger nützlich ist es hingegen, mit Funktionen $\vec{F}_k$ zu operieren, in denen mehrere oder alle Stellungsvariablen $\vec{x}_1, \ldots, \vec{x}_n$ auftreten, weil die zugehörigen Näherungsbahnen außer im linearen Fall, wo dies noch leicht möglich ist, aber bereits zu langen Formelausdrücken führt, kaum geschlossen angeschrieben werden können. Im allgemeinen Fall des ersten Kapitels kann jedoch oft auch die Koppelung der Variablen in den Näherungslösungen zweckmäßig sein.

Selbstverständlich können beliebige andere Zerlegungen vorgenommen werden. Bei Einführung von anderen Variablen (beispielsweise von elliptischen an Stelle rechtwinkliger Orts- und Geschwindigkeitskoordinaten) ergeben sich hierzu weitere interessante Möglichkeiten. Die bisher aufgezählten Zerlegungen führen jedenfalls alle zu besonders einfachen und deshalb bei der Rechnung besonders leicht auswertbaren Formeln für die Näherungsbahnen; die zugehörigen Ausdrücke für die Fehlerfortpflanzung lassen sich ebenfalls leicht gewinnen. Man wird auch nicht während der ganzen Rechnung unbedingt an derselben Zerlegung des Operators festhalten, sondern ab und zu, je nach der Bewegungssituation, in der sich die Körper befinden, mit einem Wechsel in der Zerlegung Vorteile erzielen können, besonders was das Konvergenzverhalten der Reihen anbetrifft, dessen Güte ja das Hauptanliegen aller Bemühungen ist.

## 9. Beispiel

Als Beispiel soll jetzt ein sehr einfaches Dreikörperproblem behandelt werden. Die Anregung hierzu und die erforderlichen numerischen Ausgangsdaten stammen von J. KOVALEVSKY (Paris), der sich eingehend mit der Bewegung des achten Jupitermondes beschäftigt und dessen Bahn mit Hilfe der COWELL-Methode verfolgt hat (vgl. 12.). KOVALEVSKY selbst bezeichnet das Beispiel als eine Art Prüfstein für den Wert eines Verfahrens, und es lag daher nahe, gerade an diesem Problem die Wirkungsweise der Methode in einigen ihrer wegen der großen Allgemeinheit und Anpassungsfähigkeit so zahlreichen Varianten zu erproben.

### *1. Problemstellung:*

Es wird angenommen, daß nur die drei Körper Sonne, Jupiter und dessen achter Mond als Massenpunkte im Raum anwesend seien. Vorgegeben sind die Anfangsstellungen und -geschwindigkeiten der Sonne und des Mondes in bezug auf ein Koordinatensystem, das mit dem Jupiter fest verbunden ist[18], und die Massenzahlen (daß KOVALEVSKY die Mondmasse verschwindend klein annimmt, bringt

[18] Die Grundebene des Systems, in welchem die Ausgangsdaten gegeben sind, ist die Bahnebene, in der sich die Relativbewegung Sonne–Jupiter abspielt, x-Achse ist die Richtung des aufsteigenden Knotens Jupiters für das Jahr 1950, die y-Achse ist gegenüber der x-Achse in der Grundebene im Sinne der Relativbewegung um 90° weitergedreht, die z-Achse ist so gerichtet, daß ein orthogonales Rechtssystem vorliegt. Die Einheiten sind:

| | |
|---|---|
| Längeneinheit: | 1 L = 1 astronomische Einheit = $1495{,}04200 \cdot 10^{10}$ cm |
| Zeiteinheit: | 1 d = 1 mittlerer Sonnentag = 24 Stunden |
| Einheit der Geschwindigkeit: | $1\ \mathrm{Ld}^{-1}$ |
| Masseneinheit: | 1 $\mu$ = Masse der Sonne |

In diesen Einheiten bekommt die Gravitationskonstante $K^2$ den Zahlenwert

$$K^2 = 0{,}295\,912\,208\,285\,59 \cdot 10^{-3}\,\mu^{-1}L^3d^{-2}.$$

(Dieser und alle weiteren vorgegebenen Zahlenwerte entstammen einem Bericht von J. KOVALEVSKY an die *General Motors Corporation* vom September 1960, der uns freundlicherweise zur Verfügung gestellt wurde. Die Frage nach ihrer Zuverlässigkeit berührt uns nicht, denn es kommt uns ja mehr auf die Explikation der Methode als auf die Werte selbst an.)
Wir versehen Stellung $\vec{x}$, Geschwindigkeit $\vec{u}$ und Massenzahl m des Mondes mit dem Index 1, des Planeten Jupiter mit dem Index 2 und der Sonne mit dem Index 3.

natürlich manche Vereinfachung mit sich[19], das Problem ist aber deswegen trotzdem nicht durch algebraische Ausdrücke lösbar).

*2. Differentialgleichungen:*

Wir setzen also in (7.1) $n = 3$ und $m_1 = 0$ und rechnen um auf die Relativkoordinaten

$$\vec{x}_s = \vec{x}_3 - \vec{x}_2, \quad \vec{u}_s = \vec{u}_3 - \vec{u}_2,$$
$$\vec{x}_m = \vec{x}_1 - \vec{x}_2, \quad \vec{u}_m = \vec{u}_1 - \vec{u}_2.$$

Die Transformation ist mit Hilfe des Schwerpunktsatzes jederzeit umkehrbar, so daß mit $\vec{x}_s$ und $\vec{x}_m$ immer auch $\vec{x}_1, \vec{x}_2, \vec{x}_3$ bekannt sind (das gilt auch für die Geschwindigkeiten). So erhalten wir das System

$$\begin{aligned} \dot{\vec{x}}_s &= \vec{u}_s, \\ \dot{\vec{x}}_m &= \vec{u}_m, \\ \dot{\vec{u}}_s &= -\frac{m_2 + m_3}{|\vec{x}_s|^3} \vec{x}_s, \\ \dot{\vec{u}}_m &= -\frac{m_2}{|\vec{x}_m|^3} \vec{x}_m + m_3 \left[ \frac{\vec{x}_s - \vec{x}_m}{|\vec{x}_s - \vec{x}_m|^3} - \frac{\vec{x}_s}{|\vec{x}_s|^3} \right], \end{aligned} \tag{9.1}$$

das unter den Anfangsbedingungen

$$\begin{aligned} \vec{x}_s(t_0) &= \vec{x}_s^{(0)}, \quad \vec{u}_s(t_0) = \vec{u}_s^{(0)}, \\ \vec{x}_m(t_0) &= \vec{x}_m^{(0)}, \quad \vec{u}_m(t_0) = \vec{u}_m^{(0)} \end{aligned} \tag{9.2}$$

zu integrieren ist.

*3. Zerlegung des Operators:*

Zu (9.1) gehört der Operator

$$\begin{aligned} D = \vec{u}_s \frac{\partial}{\partial \vec{x}_s} + \vec{u}_m \frac{\partial}{\partial \vec{x}_m} - \frac{m_2 + m_3}{|\vec{x}_s|^3} \vec{x}_s \frac{\partial}{\partial \vec{u}_s} - \frac{m_2}{|\vec{x}_m|^3} \vec{x}_m \frac{\partial}{\partial \vec{u}_m} \\ + m_3 \left[ \frac{\vec{x}_s - \vec{x}_m}{|\vec{x}_s - \vec{x}_m|^3} - \frac{\vec{x}_s}{|\vec{x}_s|^3} \right] \frac{\partial}{\partial \vec{u}_m}, \end{aligned} \tag{9.3}$$

[19] Die spezielle Annahme ist selbstverständlich keineswegs notwendig; man erspart sich dadurch nur die Berechnung bestimmter (im allgemeinen Fall auftretender) Störfunktionen.

den wir nun nach Belieben in zwei Teile zerlegen können, etwa

$$D_1 = \vec{u}_s \frac{\partial}{\partial \vec{x}_s} + \vec{u}_m \frac{\partial}{\partial \vec{x}_m} - \frac{m_2 + m_3}{|\vec{x}_s|^3} \vec{x}_s \frac{\partial}{\partial \vec{u}_s} - c^2 \vec{x}_m \frac{\partial}{\partial \vec{u}_m},$$

$$D_2 = \left\{\left[c^2 - \frac{m_2}{|\vec{x}_m|^3}\right] \vec{x}_m + m_3 \left[\frac{\vec{x}_s - \vec{x}_m}{|\vec{x}_s - \vec{x}_m|^3} - \frac{\vec{x}_s}{|\vec{x}_s|^3}\right]\right\} \frac{\partial}{\partial \vec{u}_m} = \vec{\delta}_m \frac{\partial}{\partial \vec{u}_m} \tag{9.4}$$

wobei $c^2$ eine frei wählbare Konstante ist[20]. Das entspricht einer Wahl von

$$\vec{F}_s = -\frac{m_2 + m_3}{|\vec{x}_s|^3} \vec{x}_s, \qquad \vec{F}_m = -c^2 \vec{x}_m, \tag{9.5}$$

wodurch die Variablen $\vec{x}_s$, $\vec{u}_s$ und $\vec{x}_m$, $\vec{u}_m$ bei der Berechnung der Näherungsbahnen separiert sind. Mit

$$D_{1s} = \vec{u}_s \frac{\partial}{\partial \vec{x}_s} - \frac{m_2 + m_3}{|\vec{x}_s|^3} \vec{x}_s \frac{\partial}{\partial \vec{u}_s} \qquad \text{(vgl. 8d)},$$

$$D_{1m} = \vec{u}_m \frac{\partial}{\partial \vec{x}_m} - c^2 \vec{x}_m \frac{\partial}{\partial \vec{u}_m} \qquad \text{(vgl. 8c)} \tag{9.6}$$

gilt nämlich

$$D_1^\nu \vec{x}_s = D_{1s}^\nu \vec{x}_s, \quad D_1^\nu \vec{x}_m = D_{1m}^\nu \vec{x}_m \quad (\nu = 0, 1, 2, \ldots), \tag{9.7}$$

so daß wir folgende

## 4. *Näherungsbahnen und -geschwindigkeiten*

bekommen:

$$\vec{x}_{sa}(\lambda) = \vec{x}_s^{(0)} + \vec{a}\,[\cos\sqrt{C}\lambda - 1] + \vec{b} \sin\sqrt{C}\lambda,$$

$$\vec{u}_{sa}(\lambda) = \frac{1}{|\vec{x}_{sa}(\lambda)|} \frac{d}{d\lambda} \vec{x}_{sa}(\lambda) \tag{9.8}$$

[20] Der Wert dieser Konstanten wirkt sich natürlich auf das Konvergenzverhalten der Reihen aus. Wir geben ihr zunächst einmal naheliegend den Wert

$$c^2 = \frac{m_2}{|\vec{x}_m^{(0)}|^3},$$

merken uns aber vor, daß sie vor Beginn eines jeden Rechenschrittes neu festgelegt werden darf.

mit

$$
\begin{aligned}
C &= 2\,\frac{m_2 + m_3}{|\vec{x}_s^{(0)}|} - (\vec{u}_s^{(0)})^2 , \\
\vec{a} &= -\frac{1}{C}\left[\langle \vec{x}_s^{(0)} \vec{u}_s^{(0)} \rangle \vec{u}_s^{(0)} - \frac{m_2 + m_3}{|\vec{x}_s^{(0)}|}\, \vec{x}_s^{(0)}\right] , \\
\vec{b} &= \frac{1}{\sqrt{C}}\,[\,|\vec{x}_s^{(0)}|\, \vec{u}_s^{(0)}]
\end{aligned}
\tag{9.9}
$$

und der KEPLER-Gleichung

$$
\begin{aligned}
t = t_0 &+ \frac{m_2 + m_3}{C}\,\lambda - \frac{1}{C}\,\langle \vec{x}_s^{(0)} \vec{u}_s^{(0)} \rangle\, [\cos \sqrt{C}\lambda - 1] + \\
&- \frac{1}{C\sqrt{C}}\,[\,|\vec{x}_s^{(0)}|\, (\vec{u}_s^{(0)})^2 - m_2 - m_3]\, \sin \sqrt{C}\lambda ,
\end{aligned}
\tag{9.10}
$$

sowie

$$
\begin{aligned}
\vec{x}_{ma}(t) &= \vec{x}_m^{(0)} \cos\,[c(t - t_0)] + \frac{1}{c}\, \vec{u}_m^{(0)} \sin\,[c(t - t_0)] , \\
\vec{u}_{ma}(t) &= -c\,\vec{x}_m^{(0)} \sin\,[c(t - t_0)] + \vec{u}_m^{(0)} \cos\,[c(t - t_0)] ;
\end{aligned}
\tag{9.11}
$$

hier ist der Zusammenhang mit der Zeit t schon evident, und die Umkehrung einer (9.10) äquivalenten impliziten Gleichung fällt weg.

## *5. Lösungsformeln:*

Zunächst verschwinden, weil in $D^\alpha \vec{x}_s$ ($\alpha = 0, 1, 2, \ldots$) die Variable $\vec{u}_m$ nicht auftritt, alle Störfunktionen $D_2 D^\alpha \vec{x}_s$, so daß nach (7.6)

$$
\vec{x}_s = \vec{x}_{sa}, \quad \vec{u}_s = \vec{u}_{sa}
\tag{9.12}
$$

ist, womit das Teilproblem Sonne–Jupiter geschlossen gelöst und eine analytische Fortsetzung überflüssig ist [dies ist eine Folge von $m_1 = 0$, und man sieht, daß es hier, wo es gelingt, die geschlossene Lösung anzugeben, ungeschickt wäre, aus Bequemlichkeitsgründen eine einfachere Näherungsbahn zu verwenden, die dann aber nach (7.6) noch zu berichtigen wäre].

In den Formeln für $\vec{x}_m$ und $\vec{u}_m$ verschwinden die Störfunktionen dagegen nicht.

Nach (7.7) entsteht:

$$
\begin{aligned}
\bar{\vec{x}}_m(t) &= \vec{x}_{ma}(t) + \int_{t_0}^{t} (t - \tau)\, \vec{\delta}_{ma}(\tau)\, d\tau + \int_{t_0}^{t} \frac{(t - \tau)^3}{3!}\, \vec{\eta}_{ma}(\tau)\, d\tau , \\
\bar{\vec{u}}_m(t) &= \vec{u}_{ma}(t) + \int_{t_0}^{t} \vec{\delta}_{ma}(\tau)\, d\tau + \int_{t_0}^{t} \frac{(t - \tau)^2}{2!}\, \vec{\eta}_{ma}(\tau)\, d\tau
\end{aligned}
\tag{9.13}
$$

mit

$$\vec{\delta}_m = \left[c^2 - \frac{m_2}{|\vec{x}_m|^3}\right]\vec{x}_m + m_3\left[\frac{\vec{x}_s - \vec{x}_m}{|\vec{x}_s - \vec{x}_m|^3} - \frac{\vec{x}_s}{|\vec{x}_s|^3}\right],$$

$$\eta_m = -\frac{m_2}{|\vec{x}_m|^3}\left[\vec{\delta}_m - \frac{3\langle\vec{x}_m\vec{\delta}_m\rangle}{|\vec{x}_m|^2}\vec{x}_m\right] + \tag{9.14}$$

$$-\frac{m_3}{|\vec{x}_s - \vec{x}_m|^3}\left[\vec{\delta}_m - \frac{3\langle(\vec{x}_s - \vec{x}_m)\vec{\delta}_m\rangle}{|\vec{x}_s - \vec{x}_m|^2}(\vec{x}_s - \vec{x}_m)\right].$$

## *6. Ungefähre Bestimmung der Schrittweite und Formeln für die Abbruchfehler:*

Nach (7.9) setzen wir $\vec{x}_{ma}(t)$ statt $\vec{x}_m(t)$ ein und finden, daß diese Bedingung für $|\Delta t| \ll 25$ d, also etwa für $|\Delta t| \leqq 5$ d noch so gut erfüllt ist, daß man mit den Formeln

$$\vec{\bar{p}}_m = \vec{x}_m(t) - \vec{\bar{x}}_m(t) \approx \frac{(\Delta t)^2}{20}\vec{P}_m,$$

$$\vec{\bar{q}}_m = \vec{u}_m(t) - \vec{\bar{u}}_m(t) \approx \frac{(\Delta t)}{4}\vec{P}_m \tag{9.15}$$

für die Abbruchfehler, wo nach (7.11)

$$\vec{P}_m = -m_2\left[\frac{\vec{\bar{x}}_m}{|\vec{\bar{x}}_m|^3} - \frac{\vec{x}_{ma}}{|\vec{x}_{ma}|^3}\right] + m_3\left[\frac{\vec{x}_s - \vec{\bar{x}}_m}{|\vec{x}_s - \vec{\bar{x}}_m|^3} - \frac{\vec{x}_s - \vec{x}_{ma}}{|\vec{x}_s - \vec{x}_{ma}|^3}\right] +$$

$$-\int_{t_0}^{t}(t - \tau)\,\vec{\eta}_{ma}(\tau)\,d\tau \tag{9.16}$$

ist, sicher sinnvolle Ausdrücke für die Reihenreste bekommt.

## *7. Fehlerfortpflanzung:*

Für diese entstehen nach 3. die Rekursionsformeln [vgl. (3.12), (3.11), (3.7)]

$$|\vec{p}_m^{[N]}| < \left(1 + \frac{|\Delta t|_N^2}{2}A_N\right)\left(|\vec{p}_m^{[N-1]}| + |\Delta t|_N|\vec{q}_m^{[N-1]}|\right) + |\vec{\bar{p}}_m^{[N]}|,$$

$$|\vec{q}_m^{[N]}| < (c^2 + A_N)|\Delta t|_N|\vec{p}_m^{[N-1]}| + (1 + |\Delta t|_N^2 A_N)|\vec{q}_m^{[N-1]}| + |\vec{\bar{q}}_m^{[N]}| \tag{9.17}$$

für die ungünstigste Auswirkung der bereits bestehenden Fehler $|\vec{p}_m^{[N-1]}|$ und $|\vec{q}_m^{[N-1]}|$ in den Koordinaten und Geschwindigkeiten des Mondes, wobei $|\vec{\bar{p}}_m^{[N]}|$

und $|\vec{q}_m^{[N]}|$ die Beträge der Abbruchfehler (9.15) der Reihen für $\vec{x}_m$ bzw. $\vec{u}_m$ beim N-ten Rechenschritt (Schrittweite $|\Delta t|_N$) sind. Dabei entspricht $A_N$ der Größe $Y_{ij\alpha}$ [vgl. (3.7)]; es genügt,

$$A_N = 3\left[\frac{m_2}{|\vec{x}_{ma}|^3} + \frac{m_3}{|\vec{x}_s - \vec{x}_{ma}|^3}\right]_{max} \tag{9.18}$$

zu setzen (gemeint ist das Maximum dieses Ausdruckes im Zeitintervall des N-ten Rechenschrittes); denn die Gradienten der Komponenten des Vektors $\vec{\delta}_{ma}(\tau)$, auf die es hier nach (3.7) ankommt, lassen sich so ihrem Betrage nach gemeinsam abschätzen.

## 8. *Zusammenstellung der speziellen Anfangswerte und der Lösungsformeln für einen Rechenschritt:*

a) *Anfangszeitpunkt:* Wir beginnen mit der Zeitzählung am 29. X. 1938 (dies ist der Julianische Tag 2429 200,5) und fahren in Tagen fort.

b) *Relativbewegung Sonne–Jupiter: Tabulierung von* $\vec{x}_s(t)$:

Für die Zeitpunkte

$$t_\nu = t_0 + \nu h \quad (\nu = 0, \ldots, \sigma) \quad h = \frac{\Delta t}{\sigma} \tag{9.19}$$

sind die zugehörigen Werte $E_\nu$ durch Umkehrung der Kepler-Gleichung

$$E_\nu - \varepsilon \sin E_\nu = \mu t_\nu + M_0 \tag{9.20}$$

zu ermitteln. Diese ist entstanden aus (9.10) durch Einsetzen spezieller Anfangswerte.

Es sind

$$\begin{aligned} \varepsilon &= 0{,}0484\,011\,000 && \text{(Exzentrizität)},\\ \mu &= 0{,}00145\,021\,5293\ \mathrm{d}^{-1} && \text{(Mittlere Bewegung)},\\ M_0 &= -\,0{,}637\,240\,9920 && \text{(Mittlere Anomalie für den Kalendertag 2429 200,5)}. \end{aligned} \tag{9.21}$$

Das Auflösen von (9.20) nach $E_\nu$ gelingt am einfachsten durch Iteration der Newtonschen Näherungsformel zum Aufsuchen von Nullstellen:

$$E_{\nu II} = E_{\nu I} - \frac{E_{\nu I} - \varepsilon \sin E_{\nu I} - \mu t_\nu - M_0}{1 - \varepsilon \cos E_{\nu I}}. \tag{9.22}$$

Dabei ist $E_{\nu I}$[21] ein Wert, der die Gl. (9.20) angenähert erfüllt, $E_{\nu II}$ ein verbesserter Näherungswert. Die Formel (9.22) ist so lange zu iterieren, bis

[21] Man wählt am besten den zum vorhergehenden Zeitpunkt $t_{\nu-1}$ gehörenden Wert $E_{\nu-1}$ als Ausgangswert $E_{\nu I}$ (beginnend mit $E_{0I} = -\,0{,}667\,1907$).

$E_\nu = E_{\nu x}$ die Gl. (9.20) in einem vorgeschriebenen Genauigkeitsgrad erfüllt. Mit den so gefundenen Werten $E_\nu$ läßt sich dann $\vec{x}_s(t_\nu)$ berechnen:

$$\vec{x}_s(t_\nu) = \begin{Bmatrix} 0{,}0156\,76901 - 5{,}1866\,36655 \sin E_\nu - 0{,}3238\,95551 \cos E_\nu \\ -0{,}2513\,33487 - 0{,}3235\,15939 \sin E_\nu + 5{,}1927\,22630 \cos E_\nu \\ 0 \end{Bmatrix} L \tag{9.23}$$

c) *Ausgangsdaten für die Mondbahn:* Es ist zu rechnen mit den Massenzahlen

$$m_2 = 0{,}282\,532\,8640 \cdot 10^{-6}\, L^3 d^{-2},$$
$$m_3 = 0{,}295\,912\,2080 \cdot 10^{-3}\, L^3 d^{-2}$$

und den zum Zeitpunkt $t_0$ gehörenden Werten für den relativen Ort und die relative Geschwindigkeit des Mondes

$$\vec{x}_m^{(0)} = \begin{Bmatrix} -0{,}185\,921\,3874 \\ 0{,}007\,123\,7637 \\ 0{,}077\,562\,8307 \end{Bmatrix} L \qquad \vec{u}_m^{(0)} = \begin{Bmatrix} 0{,}000\,206\,230\,1590 \\ 0{,}000\,894\,287\,2800 \\ -0{,}000\,335\,610\,4520 \end{Bmatrix} L d^{-1} \tag{9.24}$$

d) *Näherungsbahn für den Jupitermond:* Wir berechnen zuerst

$$c = \sqrt{\frac{m_2}{|x_m^{(0)}|^3}}\,, \tag{9.25}$$

dann ergibt sich der Ort des Mondes in seiner Näherungsbahn für die Zeitpunkte (9.19) nach der Formel:

$$\vec{x}_{ma}(t_\nu) = \vec{x}_m^{(0)} \cos[c(t_\nu - t_0)] + \frac{1}{c}\,\vec{u}_m^{(0)} \sin[c(t_\nu - t_0)]\,. \tag{9.26}$$

Die Geschwindigkeit des Mondes in der Näherungsbahn brauchen wir nur für den Endpunkt $t_\sigma = t_0 + \Delta t$ des Intervalls zu kennen:

$$\vec{u}_{ma}(t_\sigma) = -c\,\vec{x}_m^{(0)} \sin[c(t_\sigma - t_0)] + \vec{u}_m^{(0)} \cos[c(t_\sigma - t_0)]\,. \tag{9.27}$$

e) *Berechnung der Störintegrale:* Für die Zeitpunkte (9.19) sind nun auch noch die Funktionen $\vec{\delta}_{ma}(t)$ und $\vec{\eta}_{ma}(t)$ nach den Formeln[22]

[22] Der zweite Bestandteil von $\vec{\eta}_{ma}$ wirkt sich auf das Resultat kaum aus. Für die Maschine bedeutet es jedoch nur einen sehr geringen Zeitverlust, diesen Teil auch mitzurechnen, weil alle darin vorkommenden Größen bereits zur Berechnung von $\vec{\delta}_{ma}$ vorbereitet werden mußten.

$$\vec{\delta}_{ma}(t_\nu) = \left[c^2 - \frac{m_2}{|\vec{x}_{ma}(t_\nu)|^3}\right]\vec{x}_{ma}(t_\nu) + m_3\left[\frac{\vec{y}(t_\nu)}{|\vec{y}(t_\nu)|^3} - \frac{\vec{x}_s(t_\nu)}{|\vec{x}_s(t_\nu)|^3}\right],$$

$$\vec{\eta}_{ma}(t_\nu) = -\frac{m_2}{|\vec{x}_{ma}(t_\nu)|^3}\left[\vec{\delta}_{ma}(t_\nu) - \frac{3\langle \vec{x}_{ma}(t_\nu)\,\vec{\delta}_{ma}(t_\nu)\rangle}{|\vec{x}_{ma}(t_\nu)|^2}\vec{x}_{ma}(t_\nu)\right] + \tag{9.28}$$

$$- \frac{m_3}{|\vec{y}(t_\nu)|^3}\left[\vec{\delta}_{ma}(t_\nu) - \frac{3\langle \vec{y}(t_\nu)\,\vec{\delta}_{ma}(t_\nu)\rangle}{|\vec{y}(t_\nu)|^2}\vec{y}(t_\nu)\right]$$

mit $\vec{y}(t_\nu) = (\vec{x}_s(t_\nu) - \vec{x}_{ma}(t_\nu))$ zu tabulieren. Mit den nach (5.6) gebildeten Differenzen dieser Tabellen können wir dann die Störintegrale

$$\int_{t_0}^{t_\sigma} \vec{\delta}_{ma}(\tau)\,d\tau\,, \qquad \int_{t_0}^{t_\sigma} \frac{(t_\sigma - \tau)^2}{2!}\vec{\eta}_{ma}(\tau)\,d\tau\,,$$
$$\int_{t_0}^{t_\sigma} (t_\sigma - \tau)\,\vec{\delta}_{ma}(\tau)\,d\tau\,, \qquad \int_{t_0}^{t_\sigma} \frac{(t_\sigma - \tau)^3}{3!}\vec{\eta}_{ma}(\tau)\,d\tau \tag{9.29}$$

nach der für das gewählte $\sigma$ geltenden Formel (5.5) berechnen.

f) *Lösungsformeln:* Die Störintegrale (9.29) dienen zur Berichtigung der Näherungslösungen (9.26) und (9.27):

$$\vec{x}_m(t_0 + \Delta t) = \vec{x}_{ma}(t_\sigma) + \int_{t_0}^{t_\sigma} (t_\sigma - \tau)\,\vec{\delta}_{ma}(\tau)\,d\tau + \int_{t_0}^{t_\sigma} \frac{(t_\sigma - \tau)^3}{3!}\vec{\eta}_{ma}(\tau)\,d\tau\,,$$

$$\vec{u}_m(t_0 + \Delta t) = \vec{u}_{ma}(t_\sigma) + \int_{t_0}^{t_\sigma} \vec{\delta}_{ma}(\tau)\,d\tau + \int_{t_0}^{t} \frac{(t_\sigma - \tau)^2}{2!}\vec{\eta}_{ma}(\tau)\,d\tau\,. \tag{9.30}$$

Jetzt können wir noch nach den Formeln (9.15) und (9.17) die Fehler unter Kontrolle halten, dann ersetzen wir in allen Formeln dieses Abschnittes $t_0$ durch $t_0 + \Delta t$ und beginnen mit den Werten (9.30) an Stelle von (9.24) einen neuen Rechenschritt. Die Schrittweite $\Delta t$ können wir wieder neu wählen, etwa nach 4.

*Anmerkung 13:* Wir wollen jetzt noch eine andere Zerlegung des Operators vornehmen:

$$D_{1m} = \vec{u}_m \frac{\partial}{\partial \vec{x}_m} + \vec{a}\frac{\partial}{\partial \vec{u}_m} \qquad \text{(vgl. 8b)}\,, \tag{9.6'}$$

wo $\vec{a}$ ein frei wählbarer konstanter Vektor ist. Wir setzen etwa

$$\vec{a} = -\frac{m_2}{|\vec{x}_m^{(0)}|^3}\vec{x}_m^{(0)} \tag{9.31}$$

oder

$$\vec{a} = -\frac{m_2}{|\vec{x}_m^{(0)}|^3}\vec{x}_m^{(0)} + m_3\left[\frac{\vec{x}_s^{(0)} - \vec{x}_m^{(0)}}{|\vec{x}_s^{(0)} - \vec{x}_m^{(0)}|^3} - \frac{\vec{x}_s^{(0)}}{|\vec{x}_s^{(0)}|^3}\right]. \qquad (9.31')$$

Vor jedem Rechenschritt können wir, wenn es uns nützlich erscheint, diesen Vektor neu festsetzen und der gerade bestehenden Situation anpassen. Zu ändern sind hier nur

$$\vec{\delta}_m = -\vec{a} - \frac{m_2}{|\vec{x}_m|^3}\vec{x}_m + m_3\left[\frac{\vec{x}_s - \vec{x}_m}{|\vec{x}_s - \vec{x}_m|^3} - \frac{\vec{x}_s}{|\vec{x}_s|^3}\right], \qquad (9.14')$$

Näherungsbahn und -geschwindigkeit

$$\begin{aligned}\vec{x}_{ma}(t) &= \vec{x}_m^{(0)} + \vec{u}_m^{(0)}(t - t_0) + \vec{a}\,\frac{(t - t_0)^2}{2}, \\ \vec{u}_{ma}(t) &= \vec{u}_m^{(0)} + \vec{a}\,(t - t_0)\end{aligned} \qquad (9.11')$$

und die Formel für die Fehlerfortpflanzung bei $\vec{u}_m$

$$|\vec{q}_m^{[N]}| < |\vec{p}_m^{[N-1]}|A_N|\Delta t|_N + |\vec{q}_m^{[N-1]}|(1 + A_N|\Delta t|_N^2) + |\bar{\bar{q}}_m^{[N]}|, \qquad (9.17')$$

alle anderen Größen behalten ihre Formelgestalt bei.

Man sieht, daß es noch zahlreiche Möglichkeiten gibt, eine geeignete Zerlegung durchzuführen und daß es vorerst gar nicht notwendig ist, eine besonders günstige Zerlegung zu wählen. Es dürfte einer der auffallendsten Vorteile der Methode sein, daß es zunächst gleichgültig ist, mit welcher Zerlegung man rechnet; man kann so auch komplizierten Problemen beikommen, ohne sich vorher Gedanken über die Gestalt der Lösungen machen zu müssen. Sollten die Resultate infolge eines schlechten Konvergenzverhaltens der Reihen nicht von der gewünschten Genauigkeit sein, so kann man ja dann, wenn schon ein gutes Stück des Bahnverlaufs genügend genau bekannt ist, nach Anmerkung 4 sehr leicht eine bessere Zerlegungsmöglichkeit ausfindig machen. Da man vor Beginn eines jeden Rechenschrittes hierin jede nur erdenkliche Freiheit hat, braucht auch gar nicht der ganze Bahnverlauf mit derselben Zerlegung gerechnet zu werden, und es ist in der Tat oft im Interesse des Konvergenzverhaltens der Reihen und damit auch der Zuverlässigkeit der Resultate nützlich, von einer bestimmten Stelle an mit einer anderen Zerlegung zu rechnen.

## 10. Erfahrungen

Jetzt soll über durchgeführte Proberechnungen berichtet werden. An Hand kurzer dazwischengefügter Tabellenauszüge, die einen Eindruck von der Wirksamkeit der Methode vermitteln sollen, läßt sich der Einfluß der Fehlergrößen schön übersehen. Für die numerischen Arbeiten stand die Digitalrechenanlage SIEMENS 2002 der TH Aachen zur Verfügung. In zehnstelliger Gleitkomma-arithmetik dauerte jeder Rechenschritt (mit kaum merklichen Abweichungen im Falle einer Korrekturrechnung) 2 Sekunden bei $\sigma = 3$, und 2,6 Sekunden bei $\sigma = 4$.

1) Rechnung nach den Formeln (9.13) (keine Korrektur) unter Verwendung der Näherungsbahn (9.11), wobei die Konstante c vor Beginn eines jeden Rechenschrittes nach (9.25) neu festgesetzt wurde, Störintegrale nach Formel (5.5′), also mit $\sigma = 3$ berechnet:

a) Auszug aus den Ergebnissen der Rechnung mit der Schrittweite $\Delta t = 1\,d$:

| Tag | $\vec{x}_m$ | $\vec{u}_m$ | $\lvert\vec{x}_m\rvert$ | $\lvert\vec{P}_m\rvert$ |
|---|---|---|---|---|
| 2429 200,5 | — 0,185 921 3874<br>0,007 123 7637<br>0,077 562 8307 | 0,206 230 1590<br>0,894 287 2800<br>— 0,335 610 4520 | 0,201 577 5360 | |
| 2429 220,5 | — 0,180 483 9574<br>0,024 799 5055<br>0,070 282 3865 | 0,339 282 3452<br>0,871 191 5006<br>— 0,392 360 9736 | 0,195 266 7104 | 1,2 |
| 2429 240,5 | — 0,172 275 4008<br>0,041 879 5569<br>0,061 872 5758 | 0,483 544 8748<br>0,834 275 6491<br>— 0,448 476 0668 | 0,187 778 9303 | 1,4 |
| 2429 260,5 | — 0,161 058 8291<br>0,058 056 3594<br>0,052 351 3514 | 0,640 309 9873<br>0,780 171 8390<br>— 0,503 374 4334 | 0,179 028 3533 | 1,8 |
| 2429 280,5 | — 0,146 570 6461<br>0,072 937 2985<br>0,041 752 6698 | 0,810 918 6153<br>0,703 600 6609<br>— 0,555 981 4151 | 0,168 955 8796 | 2,3 |
| 2429 300,5 | — 0,128 523 0068<br>0,085 996 4265<br>0,030 140 6209 | 0,996 344 8529<br>0,596 281 8994<br>— 0,604 248 6260 | 0,157 550 0101 | 2,9 |
| Einheiten | L | $10^{-3}\,Ld^{-1}$ | L | $10^{-13}\,Ld^{-2}$ |

Zu den Zahlen in der letzten Spalte ist zu bemerken, daß sie [es wurde nur mit zehn Stellen gerechnet, und im Verlauf der Rechnung, insbesondere bei der Bildung der Differenz von zwei ungefähr gleich großen Zahlen nach Formel (9.16) gingen Stellen verloren] nur über die Größenordnung des Ausdruckes $\lvert\vec{P}_m\rvert$ Auskunft geben: Es gelten höchstens die angegebenen zwei ersten Ziffern, während die übrigen von der Maschine gelieferten Stellen bedeutungslos sind.

Beim Zurückrechnen ($\Delta t = -1\,\text{d}$) zum Ausgangspunkt ergab sich:

| | | | | |
|---|---|---|---|---|
| | — 0,185 921 3860 | 0,206 230 1474 | | |
| 2429 200,5 | 0,007 123 7633 | 0,894 287 2864 | 0,201 577 5346 | 1,0 |
| | 0,077 562 8306 | — 0,335 610 4483 | | |

Die Abweichungen gegenüber den Ausgangswerten

$$\vec{x}_m - \bar{\vec{x}}_m = \begin{Bmatrix} -14 \\ 4 \\ 1 \end{Bmatrix} \cdot 10^{-10}\,\text{L}; \quad \vec{u}_m - \bar{\vec{u}}_m = \begin{Bmatrix} 116 \\ -64 \\ 37 \end{Bmatrix} \cdot 10^{-13}\,\text{Ld}^{-1};$$

$$|\vec{x}_m| - |\bar{\vec{x}}_m| = 14 \cdot 10^{-10}\,\text{L}$$

stammen zum größten Teil aus Rundungsfehlern (es wurden ja insgesamt 200 Schritte gerechnet). Der maximal mögliche Methodenfehler (9.17) wäre, wenn man mit genügend (etwa zwölf) Stellen gerechnet hätte, kleiner als $5 \cdot 10^{-10}$ L bei den Koordinaten. Gleichzeitig hat sich damit gezeigt, daß $\sigma = 3$ zur Berechnung der Integrale bei so kleiner Schrittweite bereits vollauf genügt.

b) Auszug aus den Ergebnissen der Rechnung mit der Schrittweite $\Delta t = 2$ d:

| | | | | |
|---|---|---|---|---|
| | — 0,185 921 3874 | 0,206 230 1590 | | |
| 2429 200,5 | 0,007 123 7637 | 0,894 287 2800 | 0,201 577 5360 | |
| | 0,077 562 8307 | — 0,335 610 4520 | | |
| | — 0,180 483 9574 | 0,339 282 3413 | | |
| 2429 220,5 | 0,024 799 5055 | 0,871 191 5012 | 0,195 266 7104 | 9 |
| | 0,070 282 3865 | — 0,392 360 9722 | | |
| | — 0,172 275 4008 | 0,483 544 8669 | | |
| 2429 240,5 | 0,041 879 5570 | 0,834 275 6509 | 0,187 778 9303 | 12 |
| | 0,061 872 5759 | — 0,448 476 0646 | | |
| | — 0,161 058 8296 | 0,640 309 9745 | | |
| 2429 260,5 | 0,058 056 3595 | 0,780 171 8440 | 0,179 028 3538 | 15 |
| | 0,052 351 3515 | — 0,503 374 4308 | | |
| | — 0,146 570 6475 | 0,810 918 5967 | | |
| 2429 280,5 | 0,072 937 2987 | 0,703 600 6725 | 0,168 955 8809 | 20 |
| | 0,041 752 6700 | — 0,555 981 4122 | | |
| | — 0,128 523 0087 | 0,996 344 8279 | | |
| 2429 300,5 | 0,085 996 4270 | 0,596 281 9223 | 0,157 550 0120[23] | 24 |
| | 0,030 140 6211 | — 0,604 248 6239 | | |

[23] Der maximal mögliche Verfahrensfehler nach (9.17) wäre bei $\vec{x}_m$ sicher $< 18 \cdot 10^{-10}$ L, bei $\vec{u}_m < 450 \cdot 10^{-13}\,\text{Ld}^{-1}$.

Beim Zurückrechnen ($\Delta t = -2$ d) zum Ausgangspunkt entstand:

| | | | | |
|---|---|---|---|---|
| | — 0,185 921 3851 | 0,206 230 1116 | | |
| 2429 200,5 | 0,007 123 7609 | 0,894 287 3170 | 0,201 577 5338 | 8 |
| | 0,077 562 8309 | — 0,335 610 4472 | | |

In den Abweichungen gegenüber den Ausgangswerten

$$\vec{x}_m - \bar{\vec{x}}_m = \begin{Bmatrix} -23 \\ 28 \\ -2 \end{Bmatrix} \cdot 10^{-10}\,\mathrm{L}; \quad \vec{u}_m - \bar{\vec{u}}_m = \begin{Bmatrix} 474 \\ -370 \\ 48 \end{Bmatrix} \cdot 10^{-13}\,\mathrm{Ld}^{-1};$$

$$|\vec{x}_m| - |\bar{\vec{x}}_m| = 22 \cdot 10^{-10}\,\mathrm{L}$$

sind bereits deutlich die Verfälschungen durch die Abbruchfehler spürbar, obwohl auch bei dieser Schrittweite bei der Berechnung von $\vec{x}_m$ noch die Rundungsfehler überwiegen. Auch hier liefert $\sigma = 3$ noch genügend genaue Störintegrale.

c) Auszug aus den Ergebnissen der Rechnung mit der Schrittweite $\Delta t = 5$ d

| | | | | |
|---|---|---|---|---|
| | — 0,180 483 9578 | 0,339 282 2798 | | |
| 2429 220,5 | 0,024 799 5055 | 0,871 191 5041 | 0,195 266 7108 | 148 |
| | 0,070 282 3866 | — 0,392 360 9573 | | |
| | — 0,128 523 0274 | 0,996 344 4040 | | |
| 2429 300,5 | 0,085 996 4368 | 0,596 282 3320 | 0,157 550 0331 | 480 |
| | 0,030 140 6239 | — 0,604 248 5942 | | |

Hier sind die Abbruchfehler im Vergleich zu den Rundungsfehlern bereits so groß, daß es sinnvoll wird, bei $\vec{u}_m$ die Korrektur $\bar{\vec{q}}_m$ (9.15) anzubringen.

d) Auszug aus den Ergebnissen der Rechnung mit der Schrittweite $\Delta t = 10$ d

| | | | | |
|---|---|---|---|---|
| | — 0,180 483 9610 | 0,339 281 8004 | | |
| 2429 220,5 | 0,024 799 5056 | 0,871 191 5497 | 0,195 266 7141 | 1226 |
| | 0,070 282 3874 | — 0,392 360 8430 | | |

Bei dieser großen Schrittweite sind bei Verwendung der so willkürlich gewählten Näherungsbahn (9.11) die Abbruchfehler bereits sehr groß, so daß auch bei $\vec{x}_m$ die Korrektur $\vec{p}_m$ (9.15) anzubringen geboten ist. Obwohl die Korrekturgrößen (9.15) nur für kleine Schrittweiten Näherungen für die Reihenreste darstellen, bringen sie sogar hier noch einen Gewinn von einer bis zwei Dezimalstellen. Gleichzeitig wird man aber bei solchen Schrittweiten zu $\sigma = 4$ übergehen, denn die Werte der Störintegrale müssen selbstverständlich genügend genau berechnet werden, wenn man gute Resultate erzielen will.

2) Rechnung nach den Formeln (9.13), Näherungsbahn (9.11) wie vorhin, aber mit $\sigma = 4$:
Bei kleinen Schrittweiten ergab sich bis auf Rundungsfehler, die sich allmählich einschleichen konnten, genau (bei $\Delta t = 10$ d bis auf kleine Abweichungen) dasselbe, so daß sich $\sigma > 4$ überhaupt nicht und $\sigma = 4$ kaum lohnt, solange man nur mit zehn Stellen arbeitet, weil bei großen Schrittweiten doch die Schäden durch die Abbruchfehler so groß sind, daß ein Vergrößern von $\sigma$ nur sinnlose Mehrarbeit mit sich brächte.

3) Rechnung wie unter 2), aber mit Korrektur der Ergebnisse jedes Rechenschrittes nach (9.15): Die Korrektur lohnt sich bei kleinen Schrittweiten nicht, weil die Rundungsfehler größer sind.

a) Auszug aus den Ergebnissen der Rechnung mit der Schrittweite $\Delta t = 5$ d:

| | | | | |
|---|---|---|---|---|
| | — 0,185 921 3874 | 0,206 230 1590 | | |
| 2429 200,5 | 0,007 123 7637 | 0,894 287 2800 | 0,201 577 5360 | |
| | 0,077 562 8307 | — 0,335 610 4520 | | |
| | — 0,180 483 9572 | 0,339 282 3465 | | |
| 2429 220,5 | 0,024 799 5055 | 0,871 191 4994 | 0,195 266 7102 | 148 |
| | 0,070 282 3865 | — 0,392 360 9734 | | |
| | — 0,172 275 4006 | 0,483 544 8785 | | |
| 2429 240,5 | 0,041 879 5569 | 0,834 275 6453 | 0,187 778 9301 | 191 |
| | 0,061 872 5758 | — 0,448 476 0669 | | |
| | — 0,161 058 8290 | 0,640 309 9940 | | |
| 2429 260,5 | 0,058 056 3592 | 0,780 171 8307 | 0,179 028 3531 | 254 |
| | 0,052 351 3514 | — 0,503 374 4335 | | |
| | — 0,146 570 6462 | 0,810 918 6261 | | |
| 2429 280,5 | 0,072 937 2981 | 0,703 600 6452 | 0,168 955 8795 | 345 |
| | 0,041 752 6698 | — 0,555 981 4144 | | |
| | — 0,128 523 0071 | 0,996 344 8676 | | |
| 2429 300,5 | 0,085 996 4256 | 0,596 281 8697 | 0,157 550 0098 | 480 |
| | 0,030 140 6209 | — 0,604 248 6230 | | |

Durch das Anbringen der Korrektur ist eine auffallend starke Verbesserung der Resultate gegenüber 1c) eingetreten.

b) Auszug aus den Ergebnissen der Rechnung mit $\Delta t = 10$ d

| | | | | |
|---|---|---|---|---|
| | — 0,180 483 9571 | 0,339 282 3619 | | |
| 2429 220,5 | 0,024 799 5053 | 0,871 191 4784 | 0,195 266 7101 | 1220 |
| | 0,070 282 3865 | — 0,392 360 9732 | | |
| | — 0,128 523 0007 | 0,996 345 0355 | | |
| 2429 300,5 | 0,085 996 4140 | 0,596 281 4425 | 0,157 549 9985 | 4780 |
| | 0,030 140 6217 | — 0,604 248 5725 | | |

Beim Vergleich mit 1 d) muß man wohl zugeben, daß sich die Korrektur bewährt hat und daher also (9.15) auch für ziemlich große Schrittweiten noch einigermaßen verwendbar ist.

4) Rechnung nach Formel (9.13) unter Vernachlässigung des zweiten Integrals, dafür aber Anbringen der Korrektur, welche für $m = 1$ aus Fußnote 17 folgt, lieferten bei kleinen Schrittweiten (bis $\Delta t = 3$ d) wieder dieselben Werte, benötigte aber für jeden Rechenschritt nurmehr 1,5 Sekunden Rechenzeit. – Die Hinzunahme der Korrekturgrößen (9.15) (bzw. allgemein nach Fußnote 17) bringt also auf sehr einfache und wirtschaftliche Weise einen Stellengewinn.

5) Die Rechnung mit durchwegs konstantem c (bisher wurde c vor jedem Rechenschritt geeignet neu bestimmt) lieferte mit anderen Rundungsfehlern dasselbe. Es ist aber klar, daß das Konvergenzverhalten der Lösungsreihen bei ungeschickter Wahl der Näherungsbahn nicht günstig sein kann, so daß es sich doch lohnt, eine halbwegs vernünftige Näherungsbahn auszuwählen.

6) Die in Anmerkung 13 eingeführte noch einfachere Näherungsbahn ist der bisher verwendeten mindestens gleichwertig und, was die Fehlerfortpflanzung anbetrifft, sogar überlegen, wie man nach (9.17′) erkennt.

7) Das Vorgehen nach 4. ermöglicht es, ohne zeitraubende Unterbrechung des Rechenvorganges, die Schrittweite sinnvoll zu steuern. Dies ist offensichtlich bei der Berechnung von Raumschiffbahnen von besonderer Bedeutung.
Zum Vergleich sei noch erwähnt, was J. Kovalevsky in diesem Zusammenhang über die günstigsten Resultate, die er mit der sogenannten Cowell-Methode (vgl. 12.) unter Vernachlässigung der zehnten Differenzen erzielen konnte, berichtet:
Die Rechnungen wurden auf einer IBM 650 in zehnstelliger, so modifizierter Festkommaarithmetik durchgeführt, daß die neunte Stelle bei jedem Rechenschritt garantiert werden konnte, jeder Schritt dauerte 10 Sekunden. Die Rechnung mit der Schrittweite $\Delta t = 5$ d bis zum Zeitpunkt 2429 300,5 und wieder zurück zum Ausgangspunkt lieferte Abweichungen in den Koordinaten $< 50 \cdot 10^{-10}$ L, in den Geschwindigkeiten $< 100 \cdot 10^{-10}$ $Ld^{-1}$. Die Gröbner-Methode kann also zumindest bei diesem, von Kovalevsky als Prüfstein bezeichneten Problem, mit der Cowell-Methode konkurrieren.
Wesentlich an der Gröbner-Methode ist, daß die formale Gestalt der Lösungen bekannt ist und daß bei der numerischen Auswertung an der Lösungsformel selbst Vernachlässigungen getroffen werden, deren Folgen unter Kontrolle gehalten werden können, während bei anderen Verfahren bereits bei der Konstruktion der Lösungen fortlaufend Vereinfachungen vorgenommen werden.

KAPITEL III

# Vergleich mit einigen anderen Methoden zur numerischen Behandlung von Systemen gewöhnlicher Differentialgleichungen

Zur numerischen Behandlung von Anfangswertproblemen gewöhnlicher Differentialgleichungen bedient man sich bekanntlich insbesondere des Verfahrens von RUNGE-KUTTA oder des Differenzenschemaverfahrens nach ADAMS. Der Abbruchfehler eines einzelnen Schrittes von der Schrittweite h ist beim Verfahren nach RUNGE-KUTTA für eine Differentialgleichung erster Ordnung proportional zu $h^5$; beim Verfahren nach ADAMS ist er proportional zu $h^{m+3}$ für eine Differentialgleichung erster Ordnung bzw. zu $h^{m+4}$ für eine Differentialgleichung zweiter Ordnung, wenn $m + 2$ die Anzahl der Punkte des Anlaufstückes bezeichnet; für den Approximationsgrad p gilt also $p = m + 2$ bzw. $p = m + 3$. Beide Verfahren lassen sich nach neueren Untersuchungen von E. FEHLBERG [2], [3], [4], [5] so modifizieren, daß der Fehler beim ersten Verfahren proportional zu $h^{m+5}$ mit $m = 1, 2, 3, 4$ wird und daß beim Interpolationsverfahren für eine Differentialgleichung zweiter Ordnung eine h-Potenz an Genauigkeit gewonnen wird. Im folgenden soll das in Kapitel II, 9. numerisch behandelte Problem aus der Himmelsmechanik auch nach diesen beiden numerischen Verfahren, die eine besonders hohe Genauigkeit erwarten lassen, für eine Anzahl von Rechenschritten und für verschiedene Schrittweiten durchgerechnet werden, um damit weitere Grundlagen für eine Beurteilung der praktischen Brauchbarkeit der GRÖBNER-Methode zu gewinnen.

## 11. Behandlung mit Hilfe des Verfahrens von RUNGE-KUTTA-FEHLBERG

Eine ausführliche Darstellung findet sich in [2], [3], [4]. Das Verfahren sei aber für ein System von zwei gewöhnlichen Differentialgleichungen zweiter Ordnung

$$\begin{aligned} \bar{y}'' &= \bar{f}(x, \bar{y}, \bar{y}', \bar{z}, \bar{z}') \\ \bar{z}'' &= \bar{g}(x, \bar{y}, \bar{y}', \bar{z}, \bar{z}') \end{aligned} \tag{11.1}$$

mit den Anfangsbedingungen

$$\bar{y}(x_0) = \bar{y}_0, \quad \bar{y}'(x_0) = \bar{y}'_0, \tag{11.2a}$$

$$\bar{z}(x_0) = \bar{z}_0, \quad \bar{z}'(x_0) = \bar{z}'_0 \tag{11.2b}$$

kurz erläutert.

Bekanntlich verläuft die unmittelbare numerische Lösung einer Differentialgleichung zweiter Ordnung

$$\bar{y}'' = \bar{f}(x, \bar{y}, \bar{y}') \tag{11.3}$$

mit den Anfangsbedingungen (11.2a) nach dem Verfahren von RUNGE-KUTTA-NYSTRÖM gemäß folgendem Schema:

| i | $x_i$ | $\bar{y}_i$ | $\bar{y}'_i$ | $k_i = \frac{h^2}{2}\bar{f}(x_i, \bar{y}_i, \bar{y}'_i)$ |
|---|---|---|---|---|
| I | $x_0$ | $\bar{y}_0$ | $\bar{y}'_0$ | $k_I$ |
| II | $x_0 + \frac{h}{2}$ | $\bar{y}_0 + \frac{h}{2}\bar{y}'_0 + \frac{k_I}{4}$ | $\bar{y}'_0 + \frac{1}{h}k_I$ | $k_{II}$ |
| III | $x_0 + \frac{h}{2}$ | $\bar{y}_0 + \frac{h}{2}\bar{y}'_0 + \frac{k_{II}}{4}$ | $\bar{y}'_0 + \frac{1}{h}k_{II}$ | $k_{III}$ |
| VI | $x_0 + h$ | $\bar{y}_0 + h\bar{y}'_0 + k_{III}$ | $\bar{y}'_0 + \frac{2}{h}k_{III}$ | $k_{IV}$ |

(11.4)

$$\bar{y}_1 = \bar{y}_0 + h\bar{y}'_0 + \frac{1}{3}(k_I + k_{II} + k_{III})$$

$$\bar{y}'_1 = \bar{y}'_0 + \frac{1}{3h}(k_I + 2k_{II} + 2k_{III} + k_{IV}).$$

Der Fehler eines Schrittes ist proportional zu $h^5$ für $\bar{y}_1$ und zu $h^6$ für $\bar{y}'_1$. Bei der von E. FEHLBERG vorgeschlagenen Modifikation des Verfahrens werden an Stelle von $\bar{y}(x)$ und $\bar{z}(x)$ in (11.1) zwei neue Funktionen $y(x)$ und $z(x)$ durch die Transformationen

$$\begin{aligned} \bar{y} &= y + \sum_{\nu=1}^{m+2} \frac{1}{\nu!}\bar{y}_0^{(\nu)}(x - x_0)^\nu, \\ \bar{z} &= z + \sum_{\nu=1}^{m+2} \frac{1}{\nu!}\bar{z}_0^{(\nu)}(x - x_0)^\nu \end{aligned} \tag{11.5}$$

mit

$$\bar{y}_0^{(\nu)} = \frac{d^\nu}{dx^\nu}\bar{f}(x, \bar{y}, \bar{y}', \bar{z}, \bar{z}')_{x=x_0}, \qquad \bar{z}_0^{(\nu)} = \frac{d^\nu}{dx^\nu}\bar{g}(x, \bar{y}, \bar{y}', \bar{z}, \bar{z}')_{x=x_0} \tag{11.6}$$

eingeführt. Dadurch geht das System (11.1) über in

$$\begin{aligned} y'' &= f(x, y, y', z, z') = \bar{f}(x, \bar{y}, \bar{y}', \bar{z}, \bar{z}') - \sum_{\nu=0}^{m} \frac{1}{\nu!}\bar{y}_0^{(\nu+2)}(x - x_0)^\nu, \\ z'' &= g(x, y, y', z, z') = \bar{g}(x, \bar{y}, \bar{y}', \bar{z}, \bar{z}') - \sum_{\nu=0}^{m} \frac{1}{\nu!}\bar{z}_0^{(\nu+2)}(x - x_0). \end{aligned} \tag{11.7}$$

(Die Transformation (11.4) ist etwas einfacher als die in [2], [3] und [4] angegebene. Sie entsteht aus dieser durch einen Verzicht auf den TAYLOR-Abgleich bei den Gliedern mit den Faktoren

$$\frac{\partial f}{\partial y}, \quad \frac{\partial f}{\partial z}, \quad \frac{\partial g}{\partial y}, \quad \frac{\partial g}{\partial z}, \ldots$$

Dadurch verliert man zwar eine h-Potenz an Genauigkeit, aber man gewinnt einfachere transformierte Differentialgleichungen. Wir verdanken diese Formeln einer freundlichen Mitteilung von E. FEHLBERG.)

Zur numerischen Lösung des Systems (11.7) ergibt sich nun eine zu der gewöhnlichen RUNGE-KUTTA-Rechnung nach (11.4) analoge Rechenvorschrift für die Fälle $m = 1, 2, 3, 4$, wobei noch die Kopplung des Systems (11.7) zu berücksichtigen ist. Sie wird nachstehend für den Fall $m = 4$ wiedergegeben, für $m = 1, 2, 3$ sei auf die Arbeit von S. FILIPPI [6] verwiesen.

Am Ende eines jeden Schrittes hat man noch die Rücktransformation (11.5) bzw. die Rücktransformation für die Ableitungen von (11.5) durchzuführen, um die Lösung des ursprünglich gegebenen Systems (11.1) zu erhalten.

RUNGE-KUTTA-FEHLBERG-*Schema für Systeme von zwei gewöhnlichen Differentialgleichungen zweiter Ordnung**

$m = 4$ Das nächste nicht verschwindende Glied der TAYLOR-Entwicklung für y bzw. y' : $0(h^9)$

| i | $x_i$ | $y_i$ | $y'_i$ | $k_i = \frac{h^2}{2} f(x_i, y_i, y'_i, z_i, z'_i)$** |
|---|---|---|---|---|
| I | $x_0 + \frac{1}{2} h$ | $y_0$ | $y'_0$ | $k_I$ |
| II | $x_0 + \frac{3}{4} h$ | $y_0 + \frac{243}{512} k_I$ | $y'_0 + \frac{243}{128} \frac{k_I}{h}$ | $k_{II}$ |
| III | $x_0 + h$ | $y_0$ | $y'_0 - \frac{32}{3} \frac{k_I}{h} + \frac{2048}{729} \frac{k_{II}}{h}$ | $k_{III}$ |
| | $x_1 = x_0 + h$ | $y_1 = y_0 + k^{(0)}$ | $y'_1 = y'_0 + k^{(1)}$ | $k^{(0)} = \frac{1024}{5103} k_{II}$ |
| | | | | $k^{(1)} = \frac{1}{h}\left(\frac{4096}{5103} k_{II} + \frac{1}{7} k_{III}\right)$ |

* Aus Platzgründen wird hier nur die erste Hälfte des vollständigen RUNGE-KUTTA-FEHLBERG-Schemas für Systeme von zwei gewöhnlichen Differentialgleichungen zweiter Ordnung wiedergegeben; die zweite Hälfte baut sich ganz analog zur ersten auf.

** Die Werte $z_i$, $z'_i$ sind aus der analog aufgebauten zweiten Hälfte des Schemas zu entnehmen, dabei tritt $l_i$ an Stelle von $k_i$.

Die Rechnungen für das in 9. behandelte Problem wurden für $m = 1, 2, 3, 4$ und mit den Schrittweiten $\Delta t = 1\,d, 2\,d, 5\,d, 10\,d$ durchgeführt. Die Ergebnisse sind in den Tab. 1–4 in 13. zusammen mit den Ergebnissen der Rechnung nach dem von FEHLBERG modifizierten Differenzenschemaverfahren mitgeteilt und mit den in 9. angegebenen nach der GRÖBNER-Methode erhaltenen Resultaten verglichen.

Das RUNGE-KUTTA-FEHLBERG-Verfahren zeichnet sich durch die einfache Programmierung und die leicht einzubauende automatische Schrittweitenregulierung aus – über diese wird später an anderer Stelle berichtet –. Die Bildung der bei der Rücktransformation (11.5) benötigten totalen Ableitungen (11.6), die man vor der Programmierung des Problems durchführen muß, ist allerdings gerade bei dem hier behandelten Beispiel verhältnismäßig zeitraubend.

## 12. Behandlung mit Hilfe der Interpolationsformeln nach E. FEHLBERG

Das Anfangswertproblem der Differentialgleichung (11.3) mit den Anfangsbedingungen (11.2a) kann, falls die zur Berechnung der auftretenden Differenzen erforderlichen Werte (das »Anlaufstück«) bereits bekannt sind, nach einem Differenzenschemaverfahren behandelt werden. Man ermittelt z. B. zunächst durch Extrapolation (Verfahren nach ADAMS-STÖRMER)[24] den Näherungswert

$$y_{r+1}^{(0)} = 2\,y_r - y_{r-1} + h^2(f_r + \tfrac{1}{12}\,\Delta^2 f_r + \Delta^3 f_r) \tag{12.1}$$

und verbessert ihn iterativ nach der Vorschrift

$$\begin{aligned} y_{r+1}^{(\nu+1)} &= 2\,y_r - y_{r-1} + h^2(f_r + \tfrac{1}{12}\,\Delta^2 f_{r+1}^{(\nu)}) \\ y_{r+1}^{\prime(\nu+1)} &= y'_{r+1} + h(2\,f_r + \tfrac{1}{3}\,\Delta^2 f_{r+1}^{(\nu)}) \qquad (\nu = 0, 1, 2, \ldots), \end{aligned} \tag{12.2}$$

wobei

$$\Delta f_r = f(x_r, y_r, y'_r) - f(x_{r-1}, y_{r-1}, y'_{r-1}),$$

$$\Delta^2 f_r = \Delta(\Delta f_r)$$

ist.

Dies ist die Methode der »zentralen Differenzen«, die auf einer Integration der Differentialgleichung (11.3) über das Intervall $x_r - h$ bis $x_r + h$ beruht, wobei auf der rechten Seite $f(x, y)$ durch ein Interpolationspolynom – im vorliegenden Falle das nach STIRLING – ersetzt wurde. Durch andere Wahl des Interpolationspolynoms und des Integrationsintervalls lassen sich andere Vorschriften gewinnen.

Für die praktische Anwendung auf Probleme wie das in 9. behandelte, bei denen, ausgehend von den Anfangswerten, eine sehr große Anzahl von Rechenschritten

[24] Dieses Verfahren entspricht weitgehend dem in der mathematischen Astronomie schon lange üblichen, als COWELL-Methode bezeichneten Verfahren.

auszuführen ist, sind numerisch stabile Interpolationsformeln mit möglichst günstiger Fehlerfortpflanzung von großer Wichtigkeit. Hierüber liegt für Differentialgleichungen zweiter Ordnung in [5] eine systematische Untersuchung vor, die an allgemeine Ergebnisse von RUTISHAUSER und DAHLQUIST über die Stabilität numerischer Verfahren für Differentialgleichungen (vgl. hierzu [16] und [1]) anknüpft. Für die Untersuchungen in [5] werden die Interpolationsformeln zur numerischen Integration von Differentialgleichungen zweiter Ordnung in der folgenden Gestalt angesetzt:

$$
\begin{aligned}
y'_{r+1} &= \frac{1}{h} \sum_{\mu=-1}^{m} A_{r-\mu} y_{r-\mu} + \sum_{\mu=0}^{m} A'_{r-\mu} y'_{r-\mu} + h \sum_{\mu=-1}^{m} A''_{r-\mu} f_{r-\mu}, \\
y_{r+1} &= \sum_{\mu=0}^{m} B_{r-\mu} y_{r-\mu} + h \sum_{\mu=0}^{m} B'_{r-\mu} y'_{r-\mu} + h^2 \sum_{\mu=-1}^{m} B''_{r-\mu} f_{r-\mu}
\end{aligned}
\qquad (12.3)
$$

mit $f'_r = f(x_r, y_r, y'_r)$.

Dabei ist wesentlich, daß auch in die Gleichung zur Berechnung von $y'_{r+1}$ die Werte $y_{r-\mu}$ eingeführt wurden.

In [5] ist für $m = 1$ bis $m = 5$ eine vollständige Untersuchung bezüglich Stabilität und Fehlerfortpflanzung für diejenigen Interpolationsformeln durchgeführt, die man erhält, indem man den frei verfügbaren Koeffizienten in (12.3) alle möglichen Werte erteilt. Es ergeben sich dabei noch numerisch stabile Formeln vom Approximationsgrad $p = m + 4$. Wählt man aus der großen Zahl der möglichen derartigen Formeln (für $m = 3$ sind es mehr als $10^6$) diejenigen mit günstigster Fehlerfortpflanzung aus (diese sind durch den Minimalwert einer aus den Koeffizienten aufgebauten Größe gekennzeichnet), so erhält man z. B. für $m = 3$ nach [5] die nachstehend wiedergegebenen Werte.

| $A_{r+1}$ | $A_r$ | $A_{r-1}$ | $A_{r-2}$ | $A_{r-3}$ | $B_r$ | $B_{r-1}$ | $B_{r-2}$ | $B_{r-3}$ |
|---|---|---|---|---|---|---|---|---|
| $\frac{1\,352}{1\,007}$ | 0 | $-\frac{2\,376}{1\,007}$ | $\frac{1\,024}{1\,007}$ | 0 | $\frac{16\,000}{9\,891}$ | 0 | $-\frac{704}{1\,099}$ | $\frac{227}{9\,891}$ |

| | $A'_r$ | $A'_{r-1}$ | $A'_{r-2}$ | $A'_{r-3}$ | $B'_r$ | $B'_{r-1}$ | $B'_{r-2}$ | $B'_{r-3}$ |
|---|---|---|---|---|---|---|---|---|
| | 0 | 0 | $-\frac{1\,024}{1\,007}$ | $\frac{351}{1\,007}$ | $-\frac{2\,176}{3\,297}$ | $\frac{492}{1\,099}$ | 0 | 0 |

| $A''_{r+1}$ | $A''_r$ | $A''_{r-1}$ | $A'_{r-2}$ | $A''_{r-3}$ | $B''_{r+1}$ | $B''_r$ | $B''_{r-1}$ | $B''_{r-2}$ | $B''_{r-3}$ |
|---|---|---|---|---|---|---|---|---|---|
| $\frac{222}{1\,007}$ | 0 | $-\frac{1\,872}{1\,007}$ | 0 | $\frac{126}{1\,007}$ | $\frac{68}{1\,099}$ | $\frac{1\,312}{1\,099}$ | $\frac{956}{1\,099}$ | 0 | 0 |

Für das hier zu behandelnde Beispiel, bei dem in den Differentialgleichungen des Systems (7.1) die erste Ableitung nicht explizit vorkommt, ergibt sich noch eine wesentliche Vereinfachung im Ansatz (12.3), indem dessen zweite Gleichung für ungerade m keine Glieder mit $y'_{r-\mu}(\mu = 0, 1, \ldots, m)$ enthält. In [1], S. 27–29, wird gezeigt, daß durch die zweite Gl. (12.3) für ungerade m mit $B'_{r-\mu} = 0$ $(\mu = 0, 1, \ldots, m)$ numerisch stabile Formeln für die Integration von $y'' = f(x, y)$ gegeben sind, die wiederum den Höchstgrad $p = m + 4$ besitzen. Man erhält nach [5] folgende besonders einfache Koeffiziententabellen der numerisch stabilen Interpolationsformeln vom Approximationsgrad $p = m + 4$ für die Fälle $m = 1, 3, 5$.

| m | $B_r$ | $B_{r-1}$ | $B_{r-2}$ | $B_{r-3}$ | $B_{r-4}$ | $B_{r-5}$ |
|---|---|---|---|---|---|---|
| 1 | 2 | —1 | | | | |
| 3 | 1 | 0 | 1 | —1 | | |
| 5 | 1 | 0 | 0 | 0 | 1 | —1 |

| m | $B''_{r+1}$ | $B''_r$ | $B''_{r-1}$ | $B''_{r-2}$ | $B''_{r-3}$ | $B''_{r-4}$ | $B''_{r-5}$ |
|---|---|---|---|---|---|---|---|
| 1 | $\frac{1}{12}$ | $\frac{5}{6}$ | $\frac{1}{12}$ | | | | |
| 3 | $\frac{17}{240}$ | $\frac{29}{30}$ | $\frac{111}{120}$ | $\frac{29}{30}$ | $\frac{17}{240}$ | | |
| 5 | $\frac{787}{12\,096}$ | $\frac{2\,027}{2\,016}$ | $\frac{3\,263}{4\,032}$ | $\frac{3\,751}{3\,024}$ | $\frac{3\,263}{4\,032}$ | $\frac{2\,027}{2\,016}$ | $\frac{787}{12\,096}$ |

Hier wurden ebenfalls Rechnungen für das in 9. behandelte Beispiel für die Werte $m = 1, 3, 5$ und die Schrittweiten $\Delta t = 1\,d, 2\,d, 5\,d, 10\,d$ durchgeführt. Dabei wurden die Werte für das jeweils benötigte Anlaufstück aus den Ergebnissen der Rechnung nach dem Verfahren von Runge-Kutta-Fehlberg für $m = 4$ entnommen. Die Ergebnisse sind in den 13. beigegebenen Tabellen mitgeteilt.

## 13. Gegenüberstellung der nach der Gröbner-Methode und nach den in 11. und 12. dargelegten Verfahren gewonnenen numerischen Resultate

Die Ergebnisse der Rechnungen sind in den Tab. 1–4 zusammengestellt. Es werden für Vorwärts- und Rückwärtsrechnen die Orts- und Geschwindigkeitskomponenten in den Zeitpunkten $t = 0$, 50 und 100 angegeben. Da die exakten Lösungen nicht bekannt sind, werden als Vergleichswerte die Ergebnisse herangezogen, die man mit der Gröbner-Methode für $\sigma = 4$ mit Korrektur nach 6., 3c) bei einer Schrittweite $\Delta t = 2\,d$ erhält. Sie werden in den Tabellen als »Bestwerte« bezeichnet. Aus Gründen der Platzersparnis und der Übersichtlichkeit wurden bei den übrigen Ergebnissen nur die Differenzen zu den »Bestwerten« angegeben.

Der Vergleich zeigt zunächst, daß die nach dem Verfahren in 11. für m = 4 gewonnenen Werte i. a. bei der Vorwärtsrechnung bis 100 d auf acht Stellen und nach dem anschließenden Zurückrechnen auf die Anfangswerte noch auf sieben Stellen mit den nach der GRÖBNER-Methode erhaltenen Werten übereinstimmen. Das RUNGE-KUTTA-FEHLBERG-Verfahren erweist sich danach sicher als ein zur Ausführung derartiger Rechnungen gut geeignetes Verfahren (vgl. auch [6]). Dennoch muß die GRÖBNER-Methode als noch zuverlässiger angesehen werden, da man bei ihr, wie in Kapitel I dargelegt ist, über eine besonders gute Fehlerkontrolle verfügt. Die GRÖBNER-Methode zeigt außerdem beim Zurückrechnen eine noch bessere Übereinstimmung mit den Anfangswerten, was für ihre günstigere numerische Stabilität sprechen könnte. Daß die günstigsten Resultate nicht mit der kleinsten Schrittweite gewonnen werden, erklärt sich wohl daraus, daß, wenn die Abbruchfehler schon bei einer größeren Schrittweite genügend klein sind, beim Übergang zur kleineren Schrittweite die Rundefehler stärker ins Gewicht fallen.

Dagegen führt die Rechnung nach der in 12. dargelegten ADAMS-STÖRMER-FEHLBERG-Methode durchweg zu ungünstigeren Resultaten. Auch bringt hier der Übergang zu einem größeren Wert von m nicht so viel ein wie bei der Methode in 11. (wo allerdings die Größe m eine durchaus andere Bedeutung hat). Es hat zunächst den Anschein, daß, obwohl in [5] schon die numerisch stabilen Formeln günstigster Fehlerfortpflanzung ermittelt sind, die GRÖBNER-Methode und auch das RUNGE-KUTTA-FEHLBERG-Verfahren eine günstigere Fehlerfortpflanzung aufweisen, als sie dem Differenzenschemaverfahren zukommt.

Doch soll diese Frage und die sonstigen Gründe für dieses Verhalten der Methode später noch an anderer Stelle dargelegt werden; zunächst sollten hier nur die Vergleichsrechnungen mit der GRÖBNER-Methode mitgeteilt werden.

Es fällt noch auf, daß das ADAMS-STÖRMER-FEHLBERG-Verfahren beim Zurückrechnen wieder auf Werte führt, die nur wenig von den Ausgangswerten (t = 0) abweichen. Bei t = 100 sind dagegen die Abweichungen erheblich größer. Die Übereinstimmung mit den Ausgangswerten beim Zurückrechnen kann allein noch nicht als Kriterium für die Güte eines Näherungsverfahrens angesehen werden. Bei der GRÖBNERschen Methode tritt aber diese Übereinstimmung unabhängig von der Wahl der Ausgangszerlegung und auch bei verschiedener Zerlegung auf Hin- und Rückweg stets ein, daher dürfte der Übereinstimmung hier doch ein größeres Gewicht zugunsten der Methode zukommen.

Die Rechenzeiten für einen Schritt weichen bei den drei Methoden nur wenig voneinander ab. Auf einer SIE 2002 wurden etwa benötigt: Bei der GRÖBNER-Methode 2 bzw. 2,6 sec, bei RUNGE-KUTTA-FEHLBERG 2,4 sec, bei ADAMS-STÖRMER-FEHLBERG 2 sec je Schritt (fast unabhängig von der Wahl von m). Doch erweist sich in der Gesamtbilanz auch hinsichtlich des Zeitaufwandes für die elektronische Rechnung wiederum das GRÖBNER-Verfahren als besonders günstig, und zwar aus folgendem Grunde: Es kann wegen des günstigen Verhaltens der Abbruchfehler die Schrittweite bereits bei einer naheliegenden einfachen

Zerlegung größer gewählt werden als bei den übrigen Verfahren; außerdem läßt sich bei einer günstigeren Zerlegung, die aus der Ausgangszerlegung, wie in Anmerkung 4 dargelegt, vom Elektronenrechner selbst bestimmt werden kann, die Schrittweite auf ein Mehrfaches erhöhen.
Abschließend kann gesagt werden, daß durch den in Kapitel III durchgeführten Vergleich die praktische Brauchbarkeit der GRÖBNER-Methode überzeugend unter Beweis gestellt wird. Diese hier dargelegten Vorteile der Methode wiegen auch ein vielleicht bestehendes Mehr an Programmierungsaufwand auf.

# Zusammenfassung

Die im Rahmen des vorliegenden Forschungsberichtes gemachten Untersuchungen knüpfen an die von W. Gröbner ausgebaute und bereits auf die formale Lösung von Anfangswertproblemen von Systemen gewöhnlicher Differentialgleichungen angewandte Theorie der Lie-Reihen an. Ihr Ziel ist es vor allem, die Methode der Lie-Reihen der numerischen Rechnung auf einem Elektronenrechner so zugänglich zu machen, daß auch verwickelte Probleme bequem programmiert und daß die auftretenden Fehler stets unter Kontrolle gehalten werden können. Es liegen zwar schon einige kurze Mitteilungen über die Anwendung dieser Methode zur numerischen Behandlung von Mehrkörperproblemen vor [8], [9], [11], indessen blieben die wichtigen Fehleruntersuchungen und die damit in Zusammenhang stehenden Fragen bisher noch offen. Ihre Lösung wird in dem vorliegenden Bericht mitgeteilt.

In Kapitel I wird zunächst die theoretische Darlegung der Methode gegeben. Es werden die wichtigsten Sätze aus der allgemeinen Theorie der Lie-Reihen derart dargestellt, daß die folgenden Entwicklungen auch ohne Lektüre des Buches von Gröbner [7] und der genannten Arbeiten verständlich sind. Es folgen Untersuchungen über Abbruchfehler und über die Fehlerfortpflanzung, wobei es gelingt, Rekursionsformeln für die maximal zu erwartende Fehlergröße herzuleiten, so daß die numerischen Resultate mit Fehlerschranken angegeben werden können. Ferner läßt sich die Schrittweite bestimmen, die eingehalten werden muß, um den Abbruchfehler unter einer vorgegebenen Schranke zu halten. Da die Methode vor allem auf Probleme angewandt werden soll, bei denen viele Rechenschritte hintereinander auszuführen sind, erschien es erforderlich, das numerische Verfahren so zu gestalten, daß die Schrittweite im Verlaufe der Rechnung geändert werden kann. Sinkt nämlich der Abbruchfehler wesentlich unter die vorgegebene Schranke, so kommt man wegen der dann zu kleinen Schrittweite unnötig langsam voran, und es verstärkt sich der Einfluß der Rundefehler. Es gelingt, ein Verfahren zur automatischen Anpassung der Schrittweite an gewisse Kenngrößen im jeweiligen Rechenpunkt zu gewinnen. Darauf folgt eine eingehende Diskussion der Fehlermöglichkeiten mit dem Ergebnis, daß diese in einfacher Weise unter Kontrolle gehalten werden können. Damit sind alle Voraussetzungen zur Aufstellung eines Rechenprogramms für Anfangswertprobleme von Systemen gewöhnlicher Differentialgleichungen geschaffen.

In Kapitel II wird eine Anwendung der Methode auf die Himmelsmechanik gegeben. Es werden zunächst die Grundgleichungen für das astronomische n-Körperproblem angegeben und einige spezielle Näherungsbahnen zusammengestellt, wiederum um dem Leser die Lektüre von [7] zu ersparen. Als Beispiel wird ein einfaches von J. Kovalevsky als Prüfstein für jede Näherungsmethode zur

Lösung des n-Körperproblems bezeichnetes Dreikörperproblem, nämlich das Problem Sonne–Jupiter–achter Jupitermond, auf einer Rechenanlage SIE 2002 durchgerechnet.

Um ein begründetes Urteil über die Brauchbarkeit der so entwickelten numerischen GRÖBNER-Methode zu gewinnen, wird in Kapitel III die Lösung desselben Problems nach zwei in den letzten Jahren von E. FEHLBERG [2], [3], [4], [5] angegebenen Methoden von besonders hoher Genauigkeit zur numerischen Behandlung von Anfangswertproblemen gewöhnlicher Differentialgleichungssysteme mitgeteilt. Dabei zeigt sich an Hand der in einer Arbeit von S. FILIPPI angegebenen Lösung, daß auch die sogenannte RUNGE-KUTTA-FEHLBERG-Methode zu sehr guten Resultaten führt, während das ebenfalls nach einem Vorschlag von E. FEHLBERG modifizierte Differenzenschemaverfahren nach ADAMS-STÖRMER sich als erheblich weniger günstig erweist.

Die nach den verschiedenen Methoden und für verschiedene Schrittweiten über einen Zeitraum von 100 Tagen für das genannte Dreikörperproblem gewonnenen numerischen Resultate sind in Tabellen zusammengestellt. Diese lassen die hervorragende Brauchbarkeit erkennen, die der GRÖBNER-Methode zukommt, insbesondere dann, wenn man die Zerlegung des Operators nach einem schematischen Verfahren vornimmt, so daß nicht der Bearbeiter erst eine Reihe von Versuchen ausführen muß.

Hinsichtlich der benötigten Rechenzeit erweist sich die GRÖBNER-Methode sogar als günstiger als das Verfahren nach RUNGE-KUTTA-FEHLBERG. Ein besonders wesentlicher Vorteil dieser Methode liegt darin, daß sie in übersichtlicher Weise die Kontrolle über alle auftretenden numerischen Fehler gestattet. Es wird spezielle Problemstellungen geben, wo man die numerischen Werte der Lösungen mit einem der gebräuchlichen Verfahren schneller bekommt als mit Hilfe der LIE-Reihen. Es darf jedoch festgehalten werden, daß es mit der GRÖBNER-Methode – wegen ihrer Allgemeinheit und Anpassungsfähigkeit – immer möglich ist, den gewünschten Erfolg in kurzer Zeit zu erzielen; sie gestattet eine beliebige Änderung der Schrittweite, die per Programm sinnvoll gesteuert werden kann (so daß sie beispielsweise auch den sehr unterschiedlichen Situationen bei der Berechnung einer Raumschiffbahn gerecht werden könnte); die Abbruchfehler und deren ungünstigste Auswirkungen können leicht unter Kontrolle gehalten werden, ohne daß man mühselige Abschätzungen anstellt. Die Grundvoraussetzung, daß das Differentialgleichungssystem regulär sein muß, ist in fast allen in den Anwendungen interessanten Fällen wenigstens innerhalb gewisser Bereiche erfüllt, so daß dies kaum als Einschränkung gelten kann.

Für Mitwirkung an den vorstehenden Untersuchungen, insbesondere für Programmierungen, danken wir Herrn Dipl.-Math. D. SOMMER. Alle elektronischen Rechnungen wurden auf der Rechenanlage SIE 2002 am Rechenzentrum der Technischen Hochschule Aachen durchgeführt.

Prof. Dr. rer. techn. FRITZ REUTTER
Dr. phil. JOHANNES KNAPP

# Literaturverzeichnis


[1] Dahlquist, G., Stability and Error Bounds in the Numerical Integration of Ordinary Differential Equations. Uppsala 1959 (vgl. auch »Convergence and Stability in the numerical integration of ordinary differential equations«, Math. Scand. 4 (1956), S. 33–53).

[2] Fehlberg, E., Eine Methode zur Fehlerverkleinerung beim Runge-Kutta-Verfahren. ZAMM 38 (1958), S. 421–426.

[3] Fehlberg, E., Neue genauere Runge-Kutta-Formeln für Differentialgleichungen zweiter Ordnung. ZAMM 40 (1960), S. 252–259.

[4] Fehlberg, E., Neue genauere Runge-Kutta-Formeln für Differentialgleichungen n-ter Ordnung. ZAMM 40 (1960), S. 449–455.

[5] Fehlberg, E., Numerisch stabile Interpolationsformeln mit günstiger Fehlerfortpflanzung für Differentialgleichungen erster und zweiter Ordnung. ZAMM 41 (1961), S. 101–110.

[6] Filippi, S., Angenäherte Lösung eines astronomischen Drei-Körperproblems mit Hilfe des Verfahrens von Runge-Kutta-Fehlberg. »elektronische datenverarbeitung« 5 (1963), S. 213–217 und 6 (1963), S. 264–268.

[7] Gröbner, W., Die Lie-Reihen und ihre Anwendungen. Deutscher Verlag der Wissenschaften, Berlin 1960.

[8] Gröbner, W., und F. Cap, Perturbation Theory of Celestial Mechanics Using Lie-Series. XIth International Astronautical Congress, Stockholm 1960.

[9] Gröbner, W., und F. Cap, The Three-Body Problem Earth–Moon–Spaceship. Astronautica Acta, Vol. V, 1959, Fasc. 5.

[10] Herget, P., The Computation of Orbits. Published privately by the author 1948.

[11] Knapp, H., Dissertation, Innsbruck 1961.

[12] Knapp, H., Ergebnisse einer Untersuchung über den Wert der Lie-Reihen-Theorie für numerische Rechnungen in der Himmelsmechanik. ZAMM 42 (1962), S. T 25–27.

[13] Kovalevsky, J., Sur la détermination des orbites elliptiques par la méthode de Laplace. Bulletin Astronomique Paris, vol. 21 (1957), p. 161–193 (vgl. außerdem den in Fußnote 17 zitierten Bericht: Study of the Gröbner-Cap Method in Celestial Mechanics, contract with the Allison division of General Motors Corporation, of March 10, 1960).

[14] Lesky, P., Lösung des dreidimensionalen Vierkörperproblems: Sonne, Erde, Mond und Raumschiff. Symposium, Provisional International Computation Centre, 1960.

[15] Nautical Almanac, Planetary Co-ordinates for the years 1960–1980, London 1958.

[16] Rutishauser, H., Über die Instabilität von Methoden zur Integration gewöhnlicher Differentialgleichungen. ZAMP, Vol. III (1952), S. 65–74.

[17] Stracke, G., Bahnbestimmung der Planeten und Kometen. Springer-Verlag, Berlin 1929.

*Tab. 1*

| $\Delta t = 1$ | | | GRÖBNER | | | | | | RUNGE-KUTTA-FEHLBERG | | | | ADAMS-STÖRMER-FEHLBERG | | |
|---|---|---|---|---|---|---|---|---|---|---|---|---|---|---|---|
| | | | Näherungsbahn | | | | | | | | | | | | |
| | | | (9.11) $\sigma = 3$ | (9.11) $\sigma = 4$ | (9.11') $\sigma = 4$ | (9.11) $\sigma = 3$ | (9.11) $\sigma = 4$ | (9.11') $\sigma = 4$ | | | | | | | |
| t | | »Bestwerte« | ohne Korrektur | | | mit Korrektur | | | m = 1 | m = 2 | m = 3 | m = 4 | m = 1 | m = 3 | m = 5 |
| 50 | $x_1$ | —0,167 058 9560 | 2 | 2 | —1 | 2 | 2 | —1 | —8 | —8 | —7 | —7 | —2 626 | —2 502 | —2 394 |
| | $x_2$ | +0,050 102 9487 | 0 | 0 | 0 | 0 | 0 | 0 | —1 | —1 | —1 | —1 | —1 055 | —1 023 | —995 |
| | $x_3$ | +0,057 249 2630 | 0 | 0 | 0 | —1 | —1 | 0 | —2 | —2 | —2 | —2 | 134 | 75 | 81 |
| | $\|\mathfrak{x}\|$ | +0,183 566 0055 | —2 | —2 | 0 | —2 | —2 | 0 | 7 | 6 | 5 | 5 | 2 121 | 2 021 | 1 932 |
| | $u_1$ | +0,560 279 1237 | —13 | —12 | —17 | —1 | 0 | —1 | —11 | —14 | —12 | —12 | —104 310 | —99 544 | —94 777 |
| | $u_2$ | +0,809 647 1034 | 5 | 4 | —7 | —2 | —1 | 6 | 9 | 11 | 11 | 11 | —48 991 | —47 784 | —46 508 |
| | $u_3$ | —0,476 128 8729 | 2 | 1 | 2 | —2 | —3 | —5 | 6 | 6 | 6 | 6 | 4 058 | 3 806 | 3 600 |
| 100 | $x_1$ | —0,128 523 0081 | 14 | 13 | —4 | 17 | 17 | 6 | —2 | —2 | —1 | —1 | —10 079 | —9 885 | —9 697 |
| | $x_2$ | +0,085 996 4265 | 0 | 0 | 0 | —1 | —1 | —1 | —1 | —1 | —1 | —1 | —5 252 | —5 130 | —5 110 |
| | $x_3$ | +0,030 140 6209 | —1 | —1 | —1 | —1 | —1 | —1 | —1 | —1 | —2 | —2 | 402 | 469 | 495 |
| | $\|\mathfrak{x}\|$ | +0,157 550 0111 | —10 | —10 | —3 | —15 | —15 | —5 | 1 | 2 | 1 | 1 | 5 433 | 5 354 | 5 217 |
| | $u_1$ | +0,996 344 8533 | —4 | —2 | —23 | 27 | 28 | 21 | —32 | —33 | —26 | —26 | —188 105 | —183 021 | —177 861 |
| | $u_2$ | +0,596 281 8987 | 8 | 6 | 21 | —21 | —31 | —7 | 23 | 32 | 32 | 32 | —114 534 | —113 884 | —113 060 |
| | $u_3$ | —0,604 248 6252 | —7 | —8 | 10 | —14 | —15 | 14 | 16 | 20 | 15 | 15 | 13 810 | 13 160 | 12 668 |
| 50 | $x_1$ | —0,167 058 9566 | 18 | 18 | —7 | 19 | 19 | 7 | —93 | —15 | —3 | —3 | —2 620 | —2 463 | —2 371 |
| | $x_2$ | +0,050 102 9488 | —2 | —2 | 2 | —1 | —1 | —2 | 5 757 | —33 | —2 | —2 | —1 056 | —1 052 | —1 021 |
| | $x_3$ | +0,057 249 2631 | —1 | —1 | 1 | —1 | —1 | —2 | —1 635 | 11 | —3 | —3 | 33 | 77 | 77 |
| | $\|\mathfrak{x}\|$ | +0,183 566 0060 | —17 | —17 | 6 | —17 | —17 | —6 | 1 147 | 9 | 2 | 2 | 2 107 | 1 979 | 1 904 |
| | $u_1$ | +0,560 279 1249 | —77 | —77 | 64 | —41 | —40 | —10 | 14 744 | 287 | —38 | —38 | —104 319 | —99 611 | —94 824 |
| | $u_2$ | +0,809 647 1034 | 61 | 56 | —47 | 8 | 9 | 7 | —195 892 | 1 109 | 19 | 19 | —48 988 | —47 770 | —46 505 |
| | $u_3$ | —0,476 128 8741 | 25 | 24 | —5 | 22 | 22 | 3 | 51 111 | —421 | 19 | 19 | 4 070 | 3 850 | 3 627 |
| 0 | $x_1$ | —0,185 921 3874 | 14 | 14 | 1 | 12 | 12 | —4 | —1 627 | —49 | —11 | —11 | —1 | 21 | 24 |
| | $x_2$ | +0,007 123 7638 | —5 | —5 | 5 | —1 | —1 | —2 | 17 028 | —96 | —2 | —2 | —2 | —83 | —54 |
| | $x_3$ | +0,077 562 8309 | —3 | —3 | 2 | —3 | —3 | —1 | —4 331 | —34 | —4 | —4 | —3 | —13 | —5 |
| | $\|\mathfrak{x}\|$ | +0,201 577 5360 | —14 | —14 | —1 | —12 | —12 | 4 | 437 | 55 | 9 | 9 | 1 | —17 | —26 |
| | $u_1$ | +0,206 230 1614 | —140 | —137 | 90 | —86 | —85 | —15 | 43 524 | 352 | —14 | —14 | 4 646 | 9 086 | 13 754 |
| | $u_2$ | +0,894 287 2799 | 67 | 62 | —56 | 11 | 14 | 12 | —241 264 | 1 343 | 11 | 11 | 1 206 | 2 433 | 3 793 |
| | $u_3$ | —0,335 610 4534 | 51 | 50 | —14 | 43 | 45 | —1 | 53 917 | —518 | —6 | —6 | —103 | —95 | —267 |

*Tab. 2*

| $\Delta t = 2$ | | | GRÖBNER | | | | | | RUNGE-KUTTA-FEHLBERG | | | | ADAMS-STÖRMER-FEHLBERG | | |
|---|---|---|---|---|---|---|---|---|---|---|---|---|---|---|---|
| | | | Näherungsbahn | | | | | | | | | | | | |
| | | | (9.11) $\sigma = 3$ | (9.11) $\sigma = 4$ | (9.11′) $\sigma = 4$ | (9.11) $\sigma = 3$ | (9.11) $\sigma = 4$ | (9.11′) $\sigma = 4$ | | | | | | | |
| t | | »Bestwerte« | ohne Korrektur | | | mit Korrektur | | | m = 1 | m = 2 | m = 3 | m = 4 | m = 1 | m = 3 | m = 5 |
| 50 | $x_1$ | —0,167 058 9560 | 0 | 0 | 2 | 0 | 0 | 1 | 1 172 | 7 | 1 | 1 | — 2 438 | — 2 219 | — 2 032 |
| | $x_2$ | +0,050 102 9487 | 0 | 0 | 0 | 0 | 0 | 0 | — 2 456 | — 28 | 0 | 0 | — 1 009 | — 946 | — 884 |
| | $x_3$ | +0,057 249 2630 | 1 | 1 | 0 | 0 | 0 | 0 | 383 | 5 | 0 | 0 | 84 | 70 | 62 |
| | $\|\mathfrak{x}\|$ | +0,183 566 0055 | 0 | 0 | — 2 | 0 | 0 | — 1 | — 1 628 | — 12 | — 1 | — 1 | 1 969 | 1 783 | 1 627 |
| | $u_1$ | +0,560 279 1237 | —117 | —117 | 119 | —1 | 0 | 6 | 53 400 | 174 | 5 | 8 | —104 110 | — 89 958 | — 80 605 |
| | $u_2$ | +0,809 647 1034 | 36 | 36 | — 34 | 1 | 0 | — 4 | — 126 367 | — 1 417 | — 13 | 4 | — 49 111 | — 45 195 | — 42 250 |
| | $u_3$ | —0,476 128 8729 | 26 | 26 | — 26 | 0 | 0 | 0 | 20 518 | 307 | 5 | — 2 | 3 882 | 3 348 | 2 969 |
| 100 | $x_1$ | —0,128 523 0081 | — 6 | — 6 | — 2 | 0 | 0 | 8 | 5 469 | 13 | 9 | 10 | — 9 718 | — 9 296 | — 8 854 |
| | $x_2$ | +0,085 996 4265 | 5 | 5 | 5 | 0 | 0 | — 1 | — 16 349 | — 183 | — 3 | — 1 | — 5 159 | — 5 051 | — 4 943 |
| | $x_3$ | +0,030 140 6209 | 2 | 2 | — 8 | 0 | 0 | — 1 | 2 956 | 46 | — 1 | — 2 | 471 | 445 | 417 |
| | $\|\mathfrak{x}\|$ | +0,157 550 0111 | 9 | 9 | 5 | 0 | 0 | — 7 | — 12 819 | — 101 | — 8 | — 8 | 5 203 | 4 912 | 4 605 |
| | $u_1$ | +0,996 344 8533 | —254 | —253 | —251 | —2 | 0 | 32 | — 113 390 | — 753 | 2 | 34 | —182 634 | —172 173 | —161 942 |
| | $u_2$ | +0,596 281 8987 | 236 | 240 | 221 | 1 | 0 | —25 | — 519 839 | — 5 760 | — 70 | —17 | —114 284 | —112 720 | —110 854 |
| | $u_3$ | —0,604 248 6252 | 13 | 13 | 22 | 1 | 0 | — 9 | 108 833 | 1 881 | 20 | —11 | 12 924 | 12 026 | 11 186 |
| 50 | $x_1$ | —0,167 058 9566 | 7 | 5 | 12 | 0 | 0 | 10 | 437 | — 82 | 11 | — 8 | — 2 432 | — 2 209 | — 2 028 |
| | $x_2$ | +0,050 102 9488 | — 12 | — 11 | — 11 | 0 | 0 | — 1 | 43 603 | — 277 | 4 | 4 | — 1 010 | — 947 | — 881 |
| | $x_3$ | +0,057 249 2631 | 2 | 2 | 0 | 0 | 0 | — 1 | — 12 677 | 113 | — 5 | — 1 | 83 | 72 | 62 |
| | $\|\mathfrak{x}\|$ | +0,183 566 0060 | — 8 | — 6 | — 13 | 0 | 0 | — 9 | 7 551 | 35 | — 10 | — 7 | 1 964 | 1 775 | 1 625 |
| | $u_1$ | +0,560 279 1249 | —359 | —339 | —258 | —1 | 0 | — 8 | 171 969 | 2 945 | —133 | 0 | —104 122 | — 89 979 | — 80 610 |
| | $u_2$ | +0,809 647 1034 | 401 | 380 | 274 | 2 | 0 | 0 | —1 693 843 | 7 508 | —164 | 5 | — 49 110 | — 45 195 | — 42 249 |
| | $u_3$ | —0,476 128 8741 | 10 | 8 | 28 | 0 | 0 | 13 | 429 186 | — 3 289 | 116 | 7 | 3 893 | 3 366 | 2 976 |
| 0 | $x_1$ | —0,185 921 3874 | 27 | 23 | 27 | 0 | 0 | 4 | — 12 942 | — 238 | 11 | 0 | — 10 | 0 | — 34 |
| | $x_2$ | +0,007 123 7638 | — 32 | — 29 | — 31 | 0 | 0 | — 1 | 136 224 | — 757 | 12 | — 1 | — 3 | — 5 | — 5 |
| | $x_3$ | +0,077 562 8309 | 0 | 0 | — 2 | 0 | 0 | — 1 | — 34 605 | 304 | — 11 | — 2 | — 1 | 17 | 5 |
| | $\|\mathfrak{x}\|$ | +0,201 577 5360 | — 25 | — 22 | — 26 | 0 | 0 | — 4 | 3 441 | 310 | — 13 | 0 | 9 | 7 | 33 |
| | $u_1$ | +0,206 230 1614 | —527 | —497 | —533 | —1 | 0 | —32 | 348 872 | 3 066 | —170 | — 8 | 9 281 | 18 460 | 27 605 |
| | $u_2$ | +0,894 287 2799 | 395 | 375 | 385 | 3 | 0 | 7 | —1 930 386 | 10 938 | —178 | 4 | 2 483 | 5 268 | 8 356 |
| | $u_3$ | —0,335 610 4534 | 67 | 63 | 83 | 0 | 0 | 22 | 431 210 | — 4 174 | 130 | 11 | — 225 | — 413 | — 690 |

*Tab. 3*

| $\Delta t = 5$ | | GRÖBNER | | | | | | | RUNGE-KUTTA-FEHLBERG | | | | ADAMS-STÖRMER-FEHLBERG | | |
|---|---|---|---|---|---|---|---|---|---|---|---|---|---|---|---|
| | | | Näherungsbahn | | | | | | | | | | | | |
| | | | (9.11) $\sigma = 3$ | (9.11) $\sigma = 4$ | (9.11′) $\sigma = 4$ | (9.11) $\sigma = 3$ | (9.11) $\sigma = 4$ | (9.11′) $\sigma = 4$ | | | | | | | |
| t | | »Bestwerte« | ohne Korrektur | | | mit Korrektur | | | m = 1 | m = 2 | m = 3 | m = 4 | m = 1 | m = 3 | m = 5 |
| 50 | $x_1$ | —0,167 058 9560 | — 39 | — 39 | — 39 | 3 | 3 | 2 | 27 507 | 291 | — 2 | 0 | — 1 971 | — 1 463 | — 1 069 |
| | $x_2$ | +0,050 102 9487 | 6 | 6 | 5 | — 1 | — 1 | — 1 | — 55 819 | — 1 585 | — 34 | — 1 | — 876 | — 695 | — 538 |
| | $x_3$ | +0,057 249 2630 | 9 | 9 | 10 | 0 | 0 | 0 | 8 647 | 290 | 10 | — 1 | 58 | 42 | 27 |
| | $\lvert\mathfrak{x}\rvert$ | +0,183 566 0055 | 40 | 40 | 40 | — 3 | — 3 | — 3 | — 37 572 | — 607 | — 4 | 0 | 1 572 | 1 154 | 834 |
| | $u_1$ | +0,560 279 1237 | —1 924 | —1 917 | —2 000 | 30 | 37 | 61 | 1 326 239 | 10 989 | — 287 | 978 | — 85 119 | — 62 177 | — 40 214 |
| | $u_2$ | +0,809 647 1034 | 595 | 597 | 533 | — 55 | — 54 | — 35 | — 3 108 361 | — 87 320 | — 1 897 | — 34 | — 44 149 | — 35 654 | — 25 427 |
| | $u_3$ | —0,476 128 8729 | 373 | 368 | 426 | 5 | — 1 | — 14 | 503 671 | 18 415 | 647 | 16 | 3 148 | 2 187 | 1 349 |
| 100 | $x_1$ | —0,128 523 0081 | — 193 | — 191 | — 201 | 10 | 10 | 14 | 132 911 | 324 | — 64 | 3 | — 8 704 | — 7 621 | — 6 552 |
| | $x_2$ | +0,085 996 4265 | 103 | 104 | — 96 | — 9 | — 9 | — 6 | — 383 654 | — 10 690 | — 235 | — 5 | — 4 963 | — 4 633 | — 4 288 |
| | $x_3$ | +0,030 140 6209 | 103 | 29 | 36 | 1 | 0 | — 2 | 68 093 | 2 718 | 95 | 1 | 418 | 330 | 260 |
| | $\lvert\mathfrak{x}\rvert$ | +0,157 550 0111 | 220 | 218 | 224 | — 13 | — 13 | — 15 | — 304 784 | — 5 579 | — 57 | — 5 | 4 472 | 3 752 | 3 055 |
| | $u_1$ | +0,996 344 8533 | —4 493 | —4 445 | —4 809 | 95 | 143 | 239 | 2 841 185 | — 45 212 | — 4 607 | —185 | —166 872 | —141 541 | —117 191 |
| | $u_2$ | +0,596 281 8987 | 4 333 | 4 332 | —5 923 | —287 | —290 | 226 | —12 801 271 | —352 400 | — 7 663 | —138 | —114 128 | —107 672 | — 99 729 |
| | $u_3$ | —0,604 248 6252 | 310 | 288 | 519 | 46 | 22 | — 39 | 2 668 075 | 114 487 | 4 062 | 116 | 11 802 | 9 415 | 7 252 |
| 50 | $x_1$ | —0,167 058 9566 | 39 | 40 | 40 | 5 | 6 | 8 | 12 901 | — 1 316 | 438 | 3 | — 1 965 | — 1 461 | — 1 062 |
| | $x_2$ | +0,050 102 9488 | — 156 | — 156 | — 157 | — 1 | — 1 | — 1 | 663 321 | — 4 608 | 399 | — 2 | — 877 | — 696 | — 540 |
| | $x_3$ | +0,057 249 2631 | 25 | 25 | 26 | — 1 | — 1 | — 2 | — 194 031 | 1 805 | — 293 | 0 | 57 | 42 | 26 |
| | $\lvert\mathfrak{x}\rvert$ | +0,183 566 0060 | — 69 | 71 | — 70 | 5 | 5 | — 7 | 108 922 | 504 | — 380 | — 2 | 1 567 | 1 153 | 828 |
| | $u_1$ | +0,560 279 1249 | —5 393 | —5 390 | —5 464 | 28 | — 36 | 59 | 3 262 954 | 70 939 | —13 381 | 109 | — 85 122 | — 62 649 | — 40 245 |
| | $u_2$ | +0,809 647 1034 | —5 971 | —5 968 | 5 929 | — 73 | — 74 | — 60 | —27 658 625 | 73 064 | —16 754 | 15 | — 44 148 | — 36 015 | — 25 414 |
| | $u_3$ | —0,476 128 8741 | 101 | 98 | 140 | 24 | 16 | 1 | 6 869 133 | — 50 938 | 10 299 | — 47 | 3 159 | 2 497 | 1 371 |
| 0 | $x_1$ | —0,185 921 3874 | 357 | 358 | 360 | — 4 | 0 | 0 | — 210 467 | — 4 843 | 1 183 | — 10 | — 56 | — 176 | — 272 |
| | $x_2$ | +0,007 123 7638 | — 459 | — 458 | — 459 | 2 | 2 | 2 | 2 130 180 | — 11 710 | 1 274 | — 4 | — 18 | — 57 | — 113 |
| | $x_3$ | +0,077 562 8309 | 3 | 3 | 4 | — 2 | — 2 | — 2 | — 537 570 | 5 238 | — 848 | 3 | — 1 | 9 | 8 |
| | $\lvert\mathfrak{x}\rvert$ | +0,201 577 5360 | — 344 | — 345 | — 346 | 3 | 2 | 0 | 63 764 | 6 069 | — 1 372 | 11 | 51 | 164 | 251 |
| | $u_1$ | +0,206 230 1614 | —7 754 | —7 762 | —7 758 | 1 | 0 | — 9 | 5 591 375 | 68 188 | —16 900 | 156 | 23 063 | 44 878 | 66 907 |
| | $u_2$ | +0,894 287 2799 | 5 863 | 5 858 | 5 893 | — 17 | — 21 | — 24 | —30 318 878 | 198 676 | —17 851 | 70 | 6 806 | — 14 772 | — 25 783 |
| | $u_3$ | —0,335 610 4534 | 909 | 912 | 903 | 14 | 11 | 16 | 6 692 609 | — 81 840 | 11 943 | — 83 | — 587 | — 729 | — 1 669 |

*Tab. 4*

| $\Delta t = 10$ | | | GRÖBNER | | | | | | RUNGE-KUTTA-FEHLBERG | | | | ADAMS-STÖRMER-FEHLBERG | | |
|---|---|---|---|---|---|---|---|---|---|---|---|---|---|---|---|
| | | | Näherungsbahn | | | | | | | | | | | | |
| | | | (9.11) $\sigma = 3$ | (9.11) $\sigma = 4$ | (9.11′) $\sigma = 4$ | (9.11) $\sigma = 3$ | (9.11) $\sigma = 4$ | (9.11′) $\sigma = 4$ | | | | | | | |
| t | | »Bestwerte« | ohne Korrektur | | | mit Korrektur | | | m = 1 | m = 2 | m = 3 | m = 4 | m = 1 | m = 3 | m = 5 |
| 50 | $x_1$ | —0,167 058 9560 | — 319 | — 318 | — 344 | 9 | 15 | 21 | 216 743 | 4 786 | — 55 | — 9 | — 1 300 | — 637 | — 7 |
| | $x_2$ | +0,050 102 9487 | 62 | 63 | 45 | — 17 | — 16 | — 11 | — 424 076 | — 42 001 | — 1 027 | — 38 | — 683 | — 338 | — 1 |
| | $x_3$ | +0,057 249 2630 | 71 | 69 | 85 | 1 | 0 | — 5 | 64 700 | 4 206 | 299 | 7 | 50 | 8 | — 9 |
| | $\lvert\mathfrak{x}\rvert$ | +0,183 566 0055 | 329 | 328 | 351 | — 13 | — 18 | — 24 | — 292 783 | — 9 592 | — 133 | — 3 | 1 012 | 492 | 5 |
| | $u_1$ | +0,560 279 1237 | — 16 198 | —16 074 | —17 460 | 411 | 546 | 924 | 11 883 117 | 204 390 | — 9 023 | — 1 131 | — 85 123 | — 19 802 | — 12 |
| | $u_2$ | +0,809 647 1034 | 5 723 | 5 755 | 4 742 | — 900 | — 870 | — 621 | — 27 247 278 | —1 521 926 | — 65 838 | — 2 526 | — 48 939 | — 14 596 | 11 |
| | $u_3$ | —0,476 128 8729 | 3 027 | 2 967 | 3 854 | 101 | 35 | — 199 | 4 367 895 | 314 954 | 22 125 | 1 189 | 4 221 | 1 029 | 6 |
| 100 | $x_1$ | —0,128 523 0081 | — 1 642 | — 1 625 | — 1 795 | 51 | 74 | 121 | 1 152 695 | 9 394 | — 2 062 | — 198 | — 7 274 | — 5 033 | — 3 540 |
| | $x_2$ | +0,085 996 4265 | 932 | 933 | 818 | 874 | — 124 | — 94 | — 3 107 537 | — 171 684 | — 7 485 | — 3 693 | — 4 938 | — 3 693 | — 2 925 |
| | $x_3$ | +0,030 140 6209 | 244 | 234 | 340 | 18 | 8 | — 22 | 528 593 | 41 757 | 2 951 | 165 | 501 | 188 | 107 |
| | $\lvert\mathfrak{x}\rvert$ | +0,157 550 0111 | 1 895 | 1 880 | 1 976 | — 107 | — 126 | — 154 | — 2 533 865 | — 93 378 | — 1 838 | 39 | 3 335 | 2 126 | 1 312 |
| | $u_1$ | +0,996 344 8533 | — 39 821 | —39 059 | —45 062 | 1 034 | 1 822 | 3 532 | 26 715 637 | — 703 102 | —1 152 404 | —13 203 | —153 153 | —107 022 | —55 789 |
| | $u_2$ | +0,596 281 8987 | 140 982 | 40 936 | 37 165 | —4 489 | —4 562 | —3 642 | —113 175 534 | —6 150 864 | — 267 437 | — 9 074 | —128 464 | —101 696 | —66 345 |
| | $u_3$ | —0,604 248 6252 | 2 145 | 1 842 | 5 507 | 843 | 527 | — 474 | 23 014 464 | 1 961 907 | 138 330 | 8 063 | 19 566 | 13 541 | 3 172 |
| 50 | $x_1$ | —0,167 058 9566 | 268 | 287 | 8 821 | 14 | 22 | 11 | — 42 503 | — 11 184 | 13 342 | — 125 | — 1 299 | — 631 | — 1 |
| | $x_2$ | +0,050 102 9488 | — 1 260 | — 1 256 | —28 209 | 8 | 12 | 21 | 5 369 810 | — 22 943 | 12 690 | 8 | — 684 | — 339 | — 2 |
| | $x_3$ | +0,057 249 2631 | 212 | 209 | 215 | — 7 | — 10 | — 9 | — 1 507 617 | 10 817 | — 9 151 | 52 | 49 | 14 | — 3 |
| | $\lvert\mathfrak{x}\rvert$ | +0,183 566 0060 | — 537 | — 538 | — 543 | — 12 | — 19 | — 6 | 1 042 324 | 7 291 | — 11 531 | 133 | 1 007 | 487 | 1 |
| | $u_1$ | +0,560 279 1249 | — 43 503 | —43 407 | —44 789 | 365 | — 472 | 1 212 | 32 311 983 | 1 152 831 | — 428 063 | 7 523 | — 85 135 | — 23 116 | — 24 |
| | $u_2$ | +0,809 647 1034 | 48 091 | 48 024 | —32 922 | —1 345 | —1 414 | —1 387 | —227 139 731 | 361 939 | — 542 281 | — 808 | — 48 939 | — 17 933 | 11 |
| | $u_3$ | —0,476 128 8741 | 782 | 764 | 29 256 | 268 | 254 | — 82 | 54 142 412 | — 608 079 | 330 952 | — 2 897 | 4 233 | 3 365 | 18 |
| 0 | $x_1$ | —0,185 921 3874 | 2 854 | 2 854 | 2 895 | — 1 | 4 | — 39 | — 2 142 305 | 69 211 | 37 177 | — 591 | — 224 | — 651 | — 1 037 |
| | $x_2$ | +0,007 123 7638 | — 3 666 | — 3 658 | — 3 706 | 50 | 59 | 75 | 17 237 879 | — 90 604 | 40 632 | — 38 | — 84 | — 287 | — 560 |
| | $x_3$ | +0,077 562 8309 | 42 | 38 | 35 | — 17 | — 21 | — 9 | — 4 158 494 | 54 490 | — 26 862 | 256 | 5 | 15 | 24 |
| | $\lvert\mathfrak{x}\rvert$ | +0,201 577 5360 | — 2 745 | — 2 747 | — 2 787 | — 3 | — 9 | 36 | 1 063 855 | 81 603 | — 43 188 | 643 | 206 | 597 | 946 |
| | $u_1$ | +0,206 230 1614 | — 61 461 | —61 494 | 9 365 | — 46 | — 82 | 463 | 52 826 588 | 1 111 141 | — 538 673 | 10 761 | 45 509 | 79 939 | 86 924 |
| | $u_2$ | +0,894 287 2799 | 46 125 | 46 017 | 47 107 | — 442 | — 543 | — 816 | —245 080 169 | 2 389 066 | — 573 451 | 2 703 | 16 799 | 27 913 | 37 772 |
| | $u_3$ | —0,335 610 4534 | 7 240 | — 7 284 | 7 024 | 159 | 208 | 49 | 50 953 895 | —1 119 535 | — 381 612 | — 5 228 | — 1 576 | 3 706 | — 1 995 |

# FORSCHUNGSBERICHTE DES LANDES NORDRHEIN-WESTFALEN

Herausgegeben im Auftrage des Ministerpräsidenten Dr. Franz Meyers
von Staatssekretär Prof. Dr. h. c. Dr.-Ing. E. h. Leo Brandt

## ELEKTROTECHNIK · OPTIK

HEFT 1
*Prof. Dr.-Ing. Eugen Flegler, Aachen*
Untersuchungen oxydischer Ferromagnet-Werkstoffe
*1952. 19 Seiten. Vergriffen*

HEFT 12
*Elektrowärme-Institut, Langenberg (Rhld.)*
Induktive Erwärmung mit Netzfrequenz
*1952. 14 Seiten, 6 Abb. DM 5,20*

HEFT 23
*Institut für Starkstromtechnik, Aachen*
Rechnerische und experimentelle Untersuchungen zur Kenntnis der Metadyne als Umformer von konstanter Spannung auf konstanten Strom
*1953. 42 Seiten, 21 Abb., 4 Tafeln. DM 9,75*

HEFT 24
*Institut für Starkstromtechnik, Aachen*
Vergleich verschiedener Generator-Metadyne-Schaltungen in bezug auf statisches Verhalten
*1951. 36 Seiten, 23 Abb. DM 8,50*

HEFT 44
*Arbeitsgemeinschaft für praktische Dehnungsmessung, Düsseldorf*
Eigenschaften und Anwendungen von Dehnungsmeßstreifen
*1953. 68 Seiten, 43 Abb., 2 Tabellen. Vergriffen*

HEFT 62
*Prof. Dr. Walter Franz, Institut für theoretische Physik der Universität Münster*
Berechnung des elektrischen Durchschlags durch feste und flüssige Isolatoren
*1954. 26 Seiten. DM 7,—*

HEFT 77
*Meteor Apparatebau Paul Schmeck GmbH, Siegen*
Entwicklung von Leuchtstoffröhren hoher Leistung
*1954. 35 Seiten, 12 Abb., 2 Tabellen. DM 9,15*

HEFT 100
*Prof. Dr.-Ing. Herwart Opitz, Aachen*
Untersuchungen von elektrischen Antrieben, Steuerungen und Regelungen an Werkzeugmaschinen
*1955. 151 Seiten, 71 Abb., 3 Tabellen. DM 31,30*

HEFT 156
*Prof. Dr.-Ing. habil. B. v. Borries, Dr. rer. nat. Dipl.-Chem. J. Johann, Ing. J. Huppertz, Dipl.-Phys. Günther Langner, Dr. rer. nat. Dipl.-Phys. F. Lenz und Dipl.-Phys. W. Scheffels, Düsseldorf*
Die Entwicklung regelbarer permanentmagnetischer Elektronenlinsen hoher Brechkraft und eines mit ihnen ausgerüsteten Elektronenmikroskopes neuer Bauart
*1956. 88 Seiten, 52 Abb. DM 22,55*

HEFT 179
*Dipl.-Ing. H. F. Reineke, Bochum*
Entwicklungsarbeiten auf dem Gebiete der Meß- und Regeltechnik
*1955. 34 Seiten, 10 Abb. DM 10,—*

HEFT 181
*Prof. Dr. Walter Franz, Münster*
Theorie der elektrischen Leitvorgänge in Halbleitern und isolierenden Festkörpern bei hohen elektrischen Feldern
*1955. 16 Seiten, 2 Abb., 1 Tabelle. DM 6,20*

HEFT 208
*Prof. Dr.-Ing. Harald Müller, Elektrowärme-Institut, Essen*
Untersuchung von Elektrowärmegeräten für Laienbedienung hinsichtlich Sicherheit und Gebrauchsfähigkeit. I. Untersuchungen an Kochplatten
*1956. 90 Seiten, 56 Abb., 7 Tabellen. DM 22,70*

HEFT 213
*Dipl.-Ing. K. F. Rittinghaus, Institut für elektrische Nachrichtentechnik der Rhein.-Westf. Technischen Hochschule Aachen*
Zusammenstellung eines Meßwagens für Bau- und Raumakustik
*1957. 87 Seiten, 17 Abb., 7 Tabellen. DM 19,80*

HEFT 216
*Dr. phil. Erwin Kloth, Köln*
Untersuchungen über die Ausbreitung kurzer Schallimpulse bei der Materialprüfung mit Ultraschall
*1956. 79 Seiten, 60 Abb., 4 Tabellen. DM 19,40*

HEFT 265
*Prof. Dr. phil. Fritz Micheel und Dr. rer. nat. Rico Engel, Organisch-Chemisches Institut der Universität Münster*
Eine Apparatur zur elektrophoretischen Trennung von Stoffgemischen
*1956. 27 Seiten, 21 Abb. DM 9,20*

HEFT 276
*E. Haage, Mülheim/Ruhr*
Entwicklungsarbeiten im Apparatebau für Laboratorien
*1956. 36 Seiten, 18 Abb. DM 10,50*

HEFT 309
*Prof. Dr. phil. Kurt Cruse, Dipl.-Phys. Benno Ricke und Dipl.-Phys. Reinhard Huber, Physikalisch-chemisches Institut der Bergakademie Clausthal-Zellerfeld*
Aufbau und Arbeitsweise eines universell verwendbaren Hochfrequenz-Titrationsgerätes
*1956. 40 Seiten, 29 Abb. DM 11,90*

HEFT 310
*Dr. rer. nat. Paul Friedrich Müller, Bonn*
Die Integrieranlage des Rheinisch-Westfälischen Instituts für Instrumentelle Mathematik in Bonn
*1956. 54 Seiten, 6 Abb., 31 Schaltskizzen. DM 14,45*

HEFT 331
*Dipl.-Ing. Georg Bretschneider, Studiengesellschaft für Höchstspannungsanlagen e. V., Ruit*
Die Messung der wiederkehrenden Spannung mit Hilfe des Netzmodelles
*1956, 37 Seiten, 21 Abb., 2 Tabellen. DM 11,20*

HEFT 341
*Prof. Dr.-Ing. Helmut Winterhager und Dipl.-Ing. Leo Werner, Aachen*
Präzisions-Meßverfahren zur Bestimmung des elektrischen Leitvermögens geschmolzener Salze
*1956. 36 Seiten, 19 Abb., 1 Tabelle. DM 10,60*

HEFT 403
*Prof. Dr.-Ing. Paul Denzel und Dipl.-Ing. Wilhelm Cremer, Aachen*
Verbesserung der Benutzungsdauer der Höchstlast in ländlichen Netzen durch vermehrte Anwendung elektrischer Geräte in der Landwirtschaft
*1957. 33 Seiten, 23 Abb. DM 12,10*

HEFT 438
*Prof. Dr.-Ing. Helmut Winterhager und Dr.-Ing. Leo Werner, Aachen*
Bestimmung des elektrischen Leitvermögens geschmolzener Fluoride
*1957. 39 Seiten, 18 Abb., 10 Tabellen. DM 11,90*

HEFT 440
*Dr.-Ing. Hellmuth Wolf, Institut für Hochfrequenztechnik der Rhein.-Westf. Technischen Hochschule Aachen*
Gekoppelte Hochfrequenzleitungen als Richtkoppler
*1958. 107 Seiten, 44 Abb. DM 31,60*

HEFT 513
*Prof. Dr. Wilhelm Ludolf Schmitz und Dr. rer. nat. Franz Schmitt, Institut für Röntgenforschung an der Universität Bonn*
Die Verwendung des Magnetbandgerätes zur Speicherung des Kurvenverlaufs elektrischer Ströme *1958. 56 Seiten, 35 Abb. DM 17,65*

HEFT 520
*Prof. Dr.-Ing. Herwart Opitz, Dipl.-Ing. Hans Obrig und Dipl.-Ing. Paul Kips, Laboratorium für Werkzeugmaschinen und Betriebslehre der Rhein.-Westf. Technischen Hochschule Aachen*
Untersuchung neuartiger elektrischer Bearbeitungsverfahren
*1958. 44 Seiten, 35 Abb., 2 Tabellen. DM 14,70*

HEFT 522
*Dr.-Ing. Joachim Lorentz, Bonn, und Dr.-Ing. Karlheinz Brocks, Mülheim/Ruhr*
Elektrische Meßverfahren in der Geodäsie
*1958. 108 Seiten, 49 Abb., 5 Tabellen. DM 28,—*

HEFT 523
*Dr.-Ing. Klaus Eberts, Duisburg*
Entwicklungen einiger Meßverfahren und einer Frequenz- und amplitudenstabilisierten Meßeinrichtung zur gleichzeitigen Bestimmung der komplexen Dielektrizitäts- und Permeabilitätskonstante von festen und flüssigen Materialien im rechteckigen Hohlleiter und im freien Raum bei Frequenzen von 9200 und 33 000 MHz
*1958. 122 Seiten, 37 Abb. DM 30,20*

HEFT 535
*Dr.-Ing. Josef Lennertz, Köln*
Einfluß des Ausbaugrades und Benutzungsgrades nachrichtentechnischer Einrichtungen auf die Gesamtwirtschaft
Ausgeführt von 1954 bis 1956 unter Mitarbeit von *Oberpostrat Dipl.-Ing. Friedrich Einbeck*
*1958. 265 Seiten, zahlreiche Tabellen. DM 42,—*

HEFT 550
*Dr. Hans Stephan, Bonn*
Elektrisches Standhöhenmeßgerät für Flüssigkeiten
*1958. 25 Seiten, 13 Abb., 2 Tabellen. DM 10,10*

HEFT 554
*Prof. Dr.-Ing. Harald Müller, Elektrowärme-Institut Essen*
Untersuchung von Elektrowärmegeräten für Laienbedienung hinsichtlich Sicherheit und Gebrauchsfähigkeit. — Teil II: Temperaturen an und in schmiegsamen Elektrogeräten
*1958. 56 Seiten, 18 Abb., 22 Tabellen. DM 16,70*

HEFT 596
*Dipl.-Ing. Karl-Ernst Hardieck, Regierungsrat beim Deutschen Patentamt in München*
Theoretische und experimentelle Untersuchungen der stationären Vorgänge in magnetischen Verstärkern
Ausgeführt am Institut für Starkstromtechnik der Rhein.-Westf. Technischen Hochschule Aachen
*1958. 74 Seiten, 58 Abb. DM 20,20*

HEFT 605
*Ing. Leonhard Bommes, Mönchengladbach*
Bestimmung von Leistung und Wirkungsgrad eines Ventilators
*1958. 45 Seiten, 29 Abb., 3 Tabellen. DM 12,60*

HEFT 615
*Prof. Dr. Walter Weizel und Duk Hyun Whang, Institut für theoretische Physik der Universität Bonn*
Stromverteilung auf der Kathode einer Glimmentladung in Spalten bei hohen Drucken und abseits stehender Anode
*1958. 28 Seiten, 16 Abb. DM 8,80*

HEFT 616
*Prof. Dr. Walter Weizel und Wolfgang Ohlendorf, Institut für theoretische Physik der Universität Bonn*
Die Glimmentladung in spaltartigen Entladungsräumen *1958. 38 Seiten, 18 Abb. DM 10,70*

HEFT 622
*Prof. Dr. Walter Franz, Institut für theoretische Physik der Universität Münster*
Theorie der Elektronenbeweglichkeit in Halbleitern
*1958. 39 Seiten, 9 Abb. DM 10,80*

HEFT 642
*Dr.-Ing. Hans-Joachim Eckhardt, Elektrowärme-Institut Essen*
*Leiter: Prof. Dr.-Ing. Harald Müller*
Die dielektrische Trocknung bei erniedrigtem Luftdruck mit Beiträgen zum physikalischen Verhalten der Mischkörper
*1958. 65 Seiten, 5 Abb., 19 Beilagen. DM 17,10*

HEFT 663
*Dr. Hans-Christian Freiesleben, Gesellschaft zur Förderung des Verkehrs e. V., Düsseldorf*
Vergleich von Funkortungsverfahren an Bord von Seeschiffen *1958. 19 Seiten. DM 6,20*

HEFT 724
*Prof. Dr. Gottfried Eckart, Dr. Friedrich Gimmel, Thilo Conrady und Bernd Scherer, Institut für angewandte Physik und Elektrotechnik der Universität des Saarlandes, Saarbrücken*
Sonderfragen bei Breitband-Schlitzantennen
*1959. 32 Seiten, 3 Abb., 4 Kurvenblätter. DM 9,40*

HEFT 756
*Prof. Dr.-Ing. Robert Brüderlink und Dipl.-Ing. Hansjörg Jansen, Institut für Starkstromtechnik der Rhein.-Westf. Technischen Hochschule Aachen*
Drehstrom-Gleichstrom-Steuersatz mit Trockengleichrichter in Einwellen- und Zweiwellenanordnung *1960. 119 Seiten. DM 35,80*

HEFT 784
*Dipl.-Ing. Wilfried Sackmann, Gaswärme-Institut e. V., Essen*
*Wissenschaftliche Leitung: Prof. Dr.-Ing. Fritz Schuster*
Untersuchung elektrischer Aufladungserscheinungen an Gasströmungen
*1959. 27 Seiten, 15 Abb. DM 9,—*

HEFT 786
*Prof. Dr.-Ing. Paul Denzel und Dr.-Ing. Bernhard v. Gersdorff, Institut für elektrische Anlagen und Energiewirtschaft der Rhein.-Westf. Technischen Hochschule Aachen*
Untersuchungen über die Möglichkeit der selektiven Erdschlußerfassung durch Messung des im Erdseil von Freileitungen fließenden Nullstroms
*1959. 72 Seiten, 40 Abb. DM 19,90*

HEFT 824
*Dr.-Ing. Klaus Lauterjung, Institut für Hochfrequenztechnik der Rhein.-Westf. Technischen Hochschule Aachen*
Untersuchung symmetrischer Hochfrequenzleitungen
*1960. 74 Seiten, 10 Abb., 1 Tafel. DM 21,50*

HEFT 825
*Ltd. Reg.-Direktor Dr. Heinz Gabler und Reg.-Rat Dr. Gerhard Gresky, Deutsches Hydrographisches Institut, Hamburg*
Untersuchung örtlicher Rückstrahler auf Schiffen, vorzugsweise im Grenzwellenbereich, mit dem Sichtfunkpeiler
*1960. 60 Seiten, 50 Abb., 3 Tabellen. DM 18,70*

HEFT 836
*Dipl.-Met. Heinrich Borchardt, Essen*
Physikalisch-technische Grundlagen der meteorologischen Anwendung von Radar nach Erfahrungen mit der Wetterradaranlage des Instituts für Mikrowellen in der Deutschen Versuchsanstalt für Luftfahrt e. V., Mülheim (Ruhr)
*1960. 139 Seiten, 59 Abb., 4 Tabellen, 4 Tafeln, 5 Bildserien. DM 39,90*

HEFT 912
*Prof. Dr. rer. techn. Fritz Reutter, Mathematisches Institut der Rhein.-Westf. Technischen Hochschule Aachen*
Die nomographische Darstellung von Funktionen einer komplexen Veränderlichen und damit in Zusammenhang stehende Fragen der praktischen Mathematik *1960. 119 Seiten, 4 Abb., 3 Tabellen, Anhang mit vielen Abb. DM 35,40*

HEFT 1001
*Dipl.-Phys. Dr. rer. nat. Günter Langner, Institut für Elektronenmikroskopie an der Medizinischen Akademie, Düsseldorf*
*Direktor: Prof. Dr. med. H. Ruska*
Die Informationsübertragung bei der Mikroskopie mit Röntgenstrahlen
*1961, 125 Seiten, 7 Abb. DM 37,—*

HEFT 1033
*Dr.-Ing. Gustav-Adolf Kayser, Institut für Elektrische Nachrichtentechnik der Rhein.-Westf. Technischen Hochschule Aachen*
Beiträge zur Theorie und Praxis selbsttätiger elektrischer Brandmelde-Geber. Teil I
Systematik der Brandmelde-Geber, Prüfung und Analogiebetrachtung der Temperaturgeber
*1961. 86 Seiten, 42 Abb., 14 Tafeln. DM 29,10*

HEFT 1095
*Dr.-Ing. Max Brüderlink, Institut für Starkstromtechnik der Rhein.-Westf. Technischen Hochschule Aachen*
Experimentelle und theoretische Untersuchung der statischen Frequenztransformationen von 50 auf 150 Hz
*1962. 77 Seiten, 57 Abb. DM 62,—*

HEFT 1172
*Prof. Dr.-Ing. Volker Aschoff und Dipl.-Ing. Fritz Droop, Institut für elektrische Nachrichtentechnik der Rhein.-Westf. Technischen Hochschule Aachen*
Über den Einfluß der elastischen Eigenschaften von Tonbändern auf die Tonhöhenschwankungen von Magnettongeräten
*1963. 63 Seiten, 33 Abb. DM 29,80*

HEFT 1175
*Dipl.-Math. Klaus-Dieter Becker und Dr. rer. nat. Erhard Meister, Universität Saarbrücken*
Beitrag zur Theorie des Strahlungsfeldes dielektrischer Antennen
*1963. 43 Seiten, 4 Abb. DM 29,80*

HEFT 1176
*Dipl.-Phys. Alexander Wasiljeff, Universität Saarbrücken*
Breitbandimpedanzstudien an Ringschlitzantennen im cm-Wellenbereich
*1963. 69 Seiten, 57 Abb. DM 45,80*

HEFT 1262
*Prof. Dr. Hubert Cremer, Dr. Friedrich-Heinz Effertz und Dr. Karl-Hermann Breuer, Mathematisches Institut der Rhein.-Westf. Technischen Hochschule Aachen*
Zur Synthese zweipoliger elektrischer Netzwerke mit vorgeschriebenen Frequenzcharakteristiken
*1964. 25 Abb. DM 49,50*

HEFT 1263
*Prof. Dr. Hubert Cremer, Dr. Friedrich-Heinz Effertz und Wilhelm Meuffels, Mathematisches Institut der Rhein.-Westf. Technischen Hochschule Aachen*
Über Realisierbarkeitskriterien für die Synthese zweipoliger elektrischer Netzwerke mit vorgeschriebener Frequenzabhängigkeit
*1963. 30 Seiten. DM 17,30*

HEFT 1264
*Prof. Dr. Hubert Cremer und Dr. Franz Kolberg, Mathematisches Institut der Rhein.-Westf. Technischen Hochschule Aachen*
Der Strömungseinfluß auf den Wellenwiderstand von Schiffen
*1964. 73 Seiten, 8 Abb. DM 67,—*

HEFT 1276
*Dr. Wegesin, Ratingen*
Untersuchungen schneller Lichtbogenverlängerungen für die Verwendung in Hochspannungsschaltgeräten
*1963. 49 Seiten, 27 Abb. DM 24,80*

HEFT 1291
*Gerhard Schröder, Rhein.-Westf. Institut für Instrumentelle Mathematik Bonn*
Über die Konvergenz einiger Jacobi-Verfahren zur Bestimmung der Eigenwerte symmetrischer Matrizen
*In Vorbereitung*

HEFT 1295
*Prof. Dr.-Ing. Max Knoll, Dipl.-Ing. Ingolf Ruge und Dipl.-Ing. Günter Stetter, Elektrizitäts-AG, Ratingen*
Teilchenzählung und Dosimetrie mit Silizium-PN-Sperrschichten
*1964. 35 Seiten, 23 Abb. DM 22,—*

HEFT 1297
*Dr.-Ing. Wolfgang Stammen, Elektrowärme-Institut Essen*
Bestimmung der Strahlungseigenschaften von festen Körpern bei Temperaturstrahlung und Entwicklung eines vollständig diffus reflektierenden Vergleichsnormals
*In Vorbereitung*

HEFT 1306
*Prof. Dr. E. Peschl und Dr. Karl Wilhelm Bauer, Rhein.-Westf. Institut für Instrumentelle Mathematik Bonn*
Über eine nichtlineare Differentialgleichung 2. Ordnung, die bei einem gewissen Abschätzungsverfahren eine besondere Rolle spielt
*In Vorbereitung*

HEFT 1307
*Dipl.-Math. Jürgen R. Mankopf, Rhein.-Westf. Institut für Instrumentelle Mathematik Bonn*
Über die periodischen Lösungen der VAN DER POLschen Differentialgleichung $\ddot{x} + \mu (x^2 - 1) \dot{x} + x = 0$
*In Vorbereitung*

HEFT 1308
*Heinz Ober-Kassebaum, Rhein.-Westf. Institut für Instrumentelle Mathematik Bonn*
Über die P-Separation der Schrödinger-Gleichung und der Laplace-Gleichung in Riemannschen Räumen
*In Vorbereitung*

HEFT 1316
*Dr. Franz Kolberg, Institut für Mathematik und Großrechenanlagen der Rhein.-Westf. Technischen Hochschule Aachen*
*Direktor: Prof. Dr. Hubert Cremer*
Theoretische Untersuchung des Begegnungs- oder Überholungsvorganges von Schiffen
*In Vorbereitung*

HEFT 1317
*Prof. Dr. Hubert Cremer und Dr. Franz Kolberg, Institut für Mathematik und Großrechenanlagen der Rhein.-Westf. Technischen Hochschule Aachen*
Zur Stabilitätsprüfung von Regelungssystemen mittels Zweiortskurvenverfahren
*In Vorbereitung*

HEFT 1329

*Dr.-Ing. Jochen Jees, Lehrstuhl für Nachrichtenverarbeitung an der Technischen Hochschule Karlsruhe*

Katalog normierter Tiefpaßübertragungsfunktionen mit Tschebyscheffverhalten der Impulsantwort und der Dämpfung

*In Vorbereitung*

HEFT 1334

*Prof. Dr.-Ing. W. Wiechnowski, Dipl.-Ing. R. Schneppendahl und Dipl.-Ing. N. Vormann, im Auftrage von Prof. Dr.-Ing. E. Flegler, Rogowski-Institut für Elektrotechnik der Rhein.-Westf. Technischen Hochschule Aachen*

Untersuchungen an Modellen von Innenbeleuchtungsanlagen

*In Vorbereitung*

HEFT 1367

*Prof. Dr. rer. techn. Fritz Reutter und Dr. phil. Johannes Knapp, Institut für Geometrie und Praktische Mathematik der Rhein.-Westf. Technischen Hochschule Aachen*

Untersuchungen über die numerische Behandlung von Anfangswertproblemen gewöhnlicher Differentialgleichungssysteme mit Hilfe von LIE-Reihen und Anwendungen auf die Berechnung von Mehrkörperproblemen

HEFT 1395

*Prof. Dr. rer. techn. Fritz Reutter und Dr. rer. nat. Dieter Haupt, Institut für Geometrie und Praktische Mathematik der Rhein.-Westf. Technischen Hochschule Aachen*

Untersuchungen auf dem Gebiete der praktischen Mathematik

*In Vorbereitung*

Verzeichnisse der Forschungsberichte aus folgenden Gebieten können beim Verlag angefordert werden: Acetylen/Schweißtechnik – Arbeitswissenschaft – Bau/Steine/Erden – Bergbau – Biologie – Chemie – Eisenverarbeitende Industrie – Elektrotechnik/Optik – Energiewirtschaft – Fahrzeugbau/Gasmotoren – Farbe/Papier/Photographie – Fertigung – Funktechnik/Astronomie – Gaswirtschaft – Holzbearbeitung – Hüttenwesen/Werkstoffkunde – Kunststoffe – Luftfahrt/Flugwissenschaften – Luftreinhaltung – Maschinenbau – Mathematik – Medizin/Pharmakologie/NE-Metalle – Physik – Rationalisierung – Schall/Ultraschall – Schiffahrt – Textiltechnik/Faserforschung/Wäschereiforschung – Turbinen – Verkehr – Wirtschaftswissenschaft.

WESTDEUTSCHER VERLAG · KÖLN UND OPLADEN
567 Opladen/Rhld., Ophovener Straße 1–3